Georg Schwedt

Die Chemie des Lebens

Weitere Bücher aus der Erlebnis Wissenschaft Reihe:

Al-Shamery, K. (Hrsg.)
Moleküle aus dem All?
2011
ISBN: 978-3-527-32877-2

Bergmann, H.
Wasser, das Wunderelement?
2011
ISBN: 978-3-527-32959-5

Schwedt, G.
Lava, Magma, Sternenstaub
Chemie im Inneren von Erde, Mond
und Sonne
2011
ISBN: 978-3-527-32853-6

Gross, M.
**9 Millionen Fahrräder am Rande
des Universums**
Obskures aus Forschung und Wissenschaft
2011
ISBN: 978-3-527-32917-5

Hüfner, J., Löhken, R.
Physik ohne Ende
Eine geführte Tour von Kopernikus
bis Hawking
2010
ISBN: 978-3-527-40890-0

Roloff, E.
Göttliche Geistesblitze
Pfarrer und Priester als Erfinder und Entdecker
2010
ISBN: 978-3-527-32578-8

Zankl, H.
Kampfhähne der Wissenschaft
Kontroversen und Feindschaften
2010
ISBN: 978-3-527-32579-5

Georg Schwedt

Die Chemie des Lebens

WILEY-VCH

WILEY-VCH Verlag GmbH & Co. KGaA

Autor

Prof. Dr. Georg Schwedt
Lärchenstraße 21
53117 Bonn

Satz Mitterweger & Partner, Plankstadt

Druck und Bindung CPI – Ebner & Spiegel, Ulm

Umschlaggestaltung Bluesea Design,
Box 3275, McLeese Lake, BC, VOL 1PO,
Canada

1. Auflage 2011

Alle Bücher von Wiley-VCH werden sorgfältig
erarbeitet. Dennoch übernehmen Autoren,
Herausgeber und Verlag in keinem Fall, ein-
schließlich des vorliegenden Werkes, für die
Richtigkeit von Angaben, Hinweisen und Rat-
schlägen sowie für eventuelle Druckfehler ir-
gendeine Haftung

**Bibliografische Information
der Deutschen Nationalbibliothek**
Die Deutsche Nationalbibliothek verzeichnet
diese Publikation in der Deutschen National-
bibliografie; detaillierte bibliografische Daten
sind im Internet über http://dnb.d-nb.de
abrufbar.

Printed in the Federal Republic of Germany

Gedruckt auf säurefreiem Papier

ISBN 978-3-527-32973-1

Inhalt

Vorwort: Was ist Leben?

Drei sehr unterschiedliche Werke zu diesem Thema habe ich bereits als Schüler bzw. Chemiestudent gelesen. Sie haben mich fasziniert und sind bis heute in meiner Bibliothek vorhanden:

1. »*Chemie des Lebens.* Von den chemischen Vorgängen in Pflanze, Tier und Mensch« von Hans-Joachim *Flechtner* (Ullstein, Berlin 1952).

   Flechtner (1902–1980) studierte Chemie, Musik und Philosophie in Berlin, Breslau und Greifswald. Er arbeitete neben seinem Studium als Feuilletonist und Kulturkorrespondent beim Stettiner Generalanzeiger und beim Berliner Tageblatt. Als promovierter Chemiker war er von 1950 bis 1970 Chefredakteur der noch heute bestehenden Zeitschrift »Chemie für Labor und Betrieb« (CLB: Chemie in Labor und Biotechnik). Er schrieb zahlreiche Bücher, außer dem bereits genannten auch »Die Welt in der Retorte. Eine moderne Chemie für Jedermann« (erstmals 1938, Deutscher Verlag, Berlin).

2. »*Magie der lebenden Zelle*« (Roman) von Karl Alois *Schenzinger*, Wilhelm Andermann Verlag, München 1957.

   Schenzinger (1886–1962) hatte nach einer Apothekerlehre in Freiburg, München und Kiel Medizin studiert und war zunächst als Arzt tätig. Als freier Schriftsteller (ab 1928) schrieb er zahlreiche romanartige Monographien zu historischen Themen aus Naturwissenschaft und Technik, u.a. den Bestseller »*Anilin*« (1936).

3. »Exakte Geheimnis. *Knaurs Buch der modernen Biologie*« von Hans Joachim *Bogen*, mit einem Geleitwort von Nobelpreisträger Professor Dr. Adolf Butenandt (Droemer Knaur, München 1967).

Bogen (Jg. 1912), ab 1955 o. Professor für Botanik der Technischen Hochschule Braunschweig, war im Jahr 1967, als sein Buch erschien, mein Lehrer und Prüfer in Botanik als Nebenfach im Chemie-Vordiplom.

Als ich in Hannover promovierte, erschien das Buch »*Die Doppelhelix*« von James D. *Watson* (Rowohlt, Reinbek 1971), das ich seitdem mehrmals gelesen habe. Watson und Francis H.C. Crick hatten 1953 die Struktur der Desoxyribonucleinsäure (DNA) als Doppelspirale aus zwei ineinander verwundenen Ketten des DNA-Moleküls entschlüsselt, in dem alle Erbinformationen eines Lebewesens enthalten sind.

Wie haben die drei Autoren den Begriff *Leben* definiert?

In Flechtners Buch trägt das erste Kapitel die Überschrift »Leben als physikalisches und chemisches Problem«. Er gelangt nach der allgemeinen Feststellung, dass Leben »die allen Lebewesen gemeinsamen Eigenschaften und Vorgänge« beinhaltet, zu folgender Umschreibung:

> »›Leben als Ganzes‹ auf der Erde ist eine große, wunderbar ineinandergefügte Ganzheit, ein Wechselspiel und Zusammenspiel von Kräften, ein Aufnehmen und Weiterreichen von Stoffen von einem Wesen zum anderen, von einem Lebensbereich in den anderen.«

Und er stellt außerdem fest, dass alle Lebewesen Organismen sind, eine abgeschlossene, geformte Einheit von Materie, die mit »Leben begabt« sei. In den Organismen gebe es keine Trennung von stofflichen Vorgängen und Lebensvorgängen (s. dazu auch Abschnitt 1.2), sondern bis in den kleinsten Vorgang, bis in die letzte Eigenschaft des Lebens hinein gelte das Grundgesetz, dass alles Leben an Materie, an stoffliche Grundlagen gebunden sei.

Schenzinger stellt in seinem Roman die lebende Zelle in den Mittelpunkt von Geschichten um die Entdeckungen von Vitaminen, Hormonen, Enzymen, Chromosomen und Genen. Sein Fazit im fünften Teil des Romans lautet: Die Zelle ist der Grundbaustein der lebenden Materie.

Bogen war Zellphysiologe und Molekularbiologe. Das Geleitwort zu seinem Buch schrieb Adolf Butenandt (1903–1995), der über Sexualhormone, zur chemischen Natur der Viren und über biochemische Grundlagen der Krebsentstehung forschte; er erhielt zusammen mit Leopold Ruzicka (1887–1976) 1939 den Nobelpreis für Chemie.

Butenandt schrieb, dass zahlreiche biologische Mechanismen sich auf molekulare Ereignisse zurückführen ließen; das hieße, man könne aus dem Bau und den Eigenschaften chemischer Moleküle auf deren Reaktionsweisen in der lebenden Zelle schließen. Dann nennt er die Molekularbiologie als Zweig der modernen Biologie, die sich die »Erklärung der Grundphänomene des Lebens, wie Vererbung, Wachstum, Entwicklung, Differenzierung, Reizbarkeit, Bewegung, Gedächtnis, durch Begriffe der Atom- und Moleküllehre zum Ziel gesetzt« habe. Sie stände im Gegensatz zum Vitalismus (s. Abschnitt 1.2.1) und man müsse abwarten, inwieweit die Molekularbiologie ihre Ziele erreiche. Auch Bogen beginnt sein noch heute lesenswertes Buch mit dem »Zellenleben« und mit der Frage: »Kann und darf man Leben definieren?« Bogen kommt bereits im ersten Absatz des Kapitels zu dem Schluss, Leben sei dadurch charakterisiert, dass es sich jeder Definition entziehe. Er nennt aber als wesentlichen Aspekt des Lebens, dass es stets an Zellen gebunden sei, »genauer gesagt: an die Struktur der Zellen, Struktur und Funktion – oder auch Gestalt und Lebensäußerung – , das sind die beiden Aspekte des Lebens, und sie bedingen einander wechselseitig.«

Meine Prüfung in Botanik bei Hans Joachim Bogen war nicht auf klassische Themen der Botanik wie Morphologie oder Pflanzensystematik ausgerichtet. Sie beinhaltete vor allem Fragen zum Aufbau der Zelle und zu den Funktionen der Zellorganellen und war somit bereits im Jahre 1967 eher eine Prüfung in Molekularbiologie.

In einem modernen *Lehrbuch der Botanik* (U. Lüttge, M. Kluge, G. Bauer, Wiley-VCH, Weinheim, 5. Aufl. 2005) wird Leben ganz allgemein und umfassend als »das ständige Aufrechterhalten von Fließgleichgewichten« bezeichnet, als ein ständiger Austausch von Materie und Energie mit der Umgebung. Auch der dänische Wissenschaftler Steen *Rasmussen* (Jg. 1955), der im Los Alamos National Laboratory in den USA forscht, äußerte gegenüber dem Nachrichtenmagazin »Spiegel« vom 4. Januar 2010 (Nr. 1, S. 115), wesentliche Merkmale des Lebens seien darin zu sehen, dass Lebewesen sich fortpflanzen, einen Stoffwechsel besitzen und nach außen ein abgeschlossenes Gebilde bilden.

Auf unserem Planeten ist das Leben in allen bekannten Lebensformen – von Bakterien, Pilzen, Pflanzen, Tieren bis zum Menschen, ohne Ausnahme an den gleichen, universell geltenden genetischen Code gebunden, mit den gleichen chemischen Bausteinen. Vier Nucleotide und ca. 20 Aminosäuren bilden die Grundlage der für irdisches Leben typischen Proteine und Nucleinsäuren. Der Biochemiker Sven P. *Thoms* nennt in seinem Buch »Ursprung des Lebens« (Fischer Taschenbuchverlag, Frankfurt am Main 2005) *acht Säulen des Lebens*: *Kompartimentierung, Energiestoffwechsel, Katalyse, Regulation, Wachstum, Programm, Reproduktion* und *Anpassung*.

Der Ausspruch *Alles ist Chemie! Nichts geht ohne Chemie!* wird Justus von *Liebig* (1803–1873) zugeschrieben. In diesem Sinne soll auch in diesem Buch die Rolle der Chemie von der Entstehung erster, für das Leben notwendiger Moleküle in einer »Ursuppe« bis zu den Theorien einer chemischen Evolution dargestellt werden. Die Biochemie der Pflanzen, Tiere und des Menschen wird in ausgewählten Beispielen behandelt, und im vierten Kapitel wird das Zusammenwirken biochemischer Reaktionen als »stoffliche Vernetzungen« beschrieben. Schließlich soll der Abschnitt über die »synthetische Biologie« einen Ausblick auf Entwicklungen des 21. Jahrhunderts vermitteln, nachdem zuvor auch immer wieder auf die Historie eingegangen wurde.

Bonn, Juni 2011 *Georg Schwedt*

1
Einführung: Nichts geht ohne Chemie – auch das Leben nicht!

1.1 Von der Urzeugung zur chemischen Evolution

Als *Urzeugung* oder spontane Zeugung (Abiogenese) wird das »Werden von Lebendigem aus Totem« (Formulierung der Philosophen), die Entstehung von Organischem, Organismen, Lebewesen aus Anorganischem durch natürliche (physikalisch-chemische) Kräfte (Formulierung der Naturwissenschaftler) bezeichnet. Ihren Ursprung haben die Vorstellungen einer Urzeugung in der Naturphilosophie der Griechen. Arthur *Schopenhauer* (1788–1860) erklärt in seinen »Neuen Paralipomena, § 185« (Nachlass 1893):

> »Daß aus dem Unorganischen die untersten Pflanzen, aus den faulenden Resten dieser die untersten Tiere und aus diesen stufenweise die oberen entstanden sind, ist der einzige mögliche Gedanke.«

Die *chemische Evolution* als Teilgebiet der Evolution geht von einem Urknall aus, bei dem die ersten chemischen Elemente entstanden. Auf der Erde begann die Entwicklung vor etwa 4,7 Milliarden Jahren, als sich aus Wasserstoff, Wasserdampf, Methan, Schwefelwasserstoff und Ammoniak die Vielfalt der heutigen Materie bis zu den ersten Lebewesen entwickelte.

1.1.1 Anhänger einer Urzeugung

Die Frage nach der Entstehung des Lebens beschäftigte seit jeher die Menschen. Im 2. Jahrtausend v. Chr. war in China, Mesopotamien, Ägypten und Indien die Annahme einer Urzeugung von Würmern, Fröschen u.a., das heißt die Entstehung von Leben, aus unbelebter Materie allgemein verbreitet. Vor allem von den griechischen Naturphilosophen kennen wir einige der Theorien. Sie führten die Fragen nach dem Werden und Vergehen der Dinge (und auch des Lebendigen) auf grundlegende Prinzipien zurück. Schon *Hesiod* (ca. 700 v. Chr.) beschrieb die Geburt der Materie aus dem Chaos. Bei unterschiedlichen Ansätzen wurde die unzerstörbare Materie als in ständigem Kreislauf befindlich betrachtet. Die Ursache dieser Bewegung sollte in ihr selbst liegen, so konnte auch alles Lebendige aus ihr entstehen. Im Gegensatz zu der Erschaffung von Lebewesen durch einen göttlichen Schöpfungsakt stand die Vorstellung einer *Urzeugung*. Der griechische Naturphilosoph und Wanderarzt *Empedokles* (um 483–425 v. Chr.), der sich der Legende nach in den Krater des Ätna stürzte, war der Begründer der Lehre von den unvergänglichen Elementen Feuer, Wasser, Luft und Erde. Er postulierte die Entstehung von zunächst Pflanzen, dann auch von Tieren aus der Erde. Nach *Aristoteles* (384–322 v. Chr.) entstanden die niedrigsten Lebewesen aus Schlamm.

Als klassische Erscheinung einer Urzeugung galt die Entstehung von Maden aus faulendem Fleisch. Viele Biologen sahen in diesem Beispiel eine Bestätigung der Urzeugungstheorie. Aber bereits William *Harvey* (1578–1657), der Entdecker des großen, geschlossenen Blutkreislaufes, lehnte diese Theorie ab und war überzeugt, dass auch Maden aus Eiern entstehen würden, die man damals wegen ihrer geringen Größe nicht sehen konnte. Der italienische Arzt Francesco *Redi* (1626–1697) griff die Idee Harveys auf und führte 1668 folgende Experimente zu deren Bestätigung durch: Er verteilte verschiedene Fleischsorten auf acht Flaschen, von denen er vier verschloss, die anderen vier ließ er offen. Das Fleisch begann sich in allen Flaschen zu zersetzen (zu verfaulen), Maden entstanden aber nur in den offenen Flaschen, in welche Fliegen gelangen konnten. In einem zweiten Experiment setzte er auf einige offene Flaschen Fliegendraht. Somit konnte Luft an das Fleisch gelangen, die Fliegen wurden jedoch ferngehalten – und es entwickelten sich auch in diesen Flaschen keine Maden.

Nach diesen Experimenten hätten die Biologen überzeugt sein müssen, dass es keine spontane Zeugung gibt. Da sich die Experimente aber nur auf Maden, also Würmer, bezogen, wurde ihre Beweiskraft durch die Entdeckung von *Mikroorganismen* durch den niederländischen Naturforscher Antony *Leeuwenhoek* (1632–1723) unter dem Mikroskop (mit 40- bis 275facher Vergrößerung) 1674 bis 1676 wieder abgeschwächt.

Hundert Jahre später, im Jahre 1748, schien der englische Naturforscher John Tuberville *Needham* (1713–1781) die spontane Urzeugung von Bakterien mit seinen Experimenten neu beweisen zu können. Er kochte zusammen mit Georges Louis Leclerc *Buffon* (1707–1788, französischer Naturforscher) Hammelfleischbouillon und füllte sie dann in Versuchsröhren, die er mit Korken verschloss. Schon nach einigen Tagen hatten sich zahlreiche Mikroorganismen gebildet, woraus die beiden schlossen, dass sie die spontane Zeugung bewiesen hätten. Bis in das 20. Jahrhundert bildete sich daraus eine *Panspermielehre* (griech. *pan*: alles und *sperma*: Samen, Keim), die 1906 darin gipfelte, dass der Physikochemiker Svante *Arrhenius* (1859–1927; 1903 Nobelpreis für Chemie) die Hypothese entwickelte, dass der Ursprung des irdischen Lebens im Weltall liegt, von wo aus Keime durch Meteorite auf die Erde gelangt seien (Kosmozoentheorie). Diese wissenschaftlich nicht anerkannte Theorie wurde durch zwei Astronomen, Fred *Hoyle* (1915–2001; leistete bedeutende Arbeiten zum Aufbau und zur Entwicklung von Sternen, schuf eine Theorie zur Elemententstehung in Sternen durch Kernfusion) und seinen Schüler Nalia Chandra *Wickramasinghe* (Jg. 1939; sri-lankischer Astrophysiker, ab 2000 Direktor des Cardiff Centre for Astrobiology) neu belebt. In dem Buch »Evolution aus dem All« (Ullstein 1981) ist u. a. zu lesen, dass die orthodoxe Biologie in ihrer Gesamtstruktur daran festhalte, dass Leben zufällig entstanden sei. Die Biochemiker hätten jedoch in steigendem Maße die ehrfurchtgebietende Komplexität des Lebens entdeckt. So sei sein zufälliger Ursprung ganz offensichtlich so wenig wahrscheinlich, dass man die Möglichkeit völlig ausschließen könne – mit dem Fazit: »Leben kann nicht zufällig entstanden sein.«

Von den Biologen, als Naturforscher zugleich auch Philosophen, des 19. Jahrhunderts sind als Anhänger einer Urzeugungs-Theorie vor allem Lorenz *Oken* (1779–1851) und Ernst *Haeckel* (1834–1919) zu nennen. Oken war 1807–1819 Professor der Medizin in Jena, dann ab 1818 in München und ab 1832 in Zürich. Er war besonders von dem Philosophen Schelling beeinflusst und entwickelte Vorstellungen über eine gemeinsame Lebenssubstanz als »Urschleim« und kleinsten Einheiten, die sich zu Organismen fügen (organisieren) (»Infusorien«). Haeckel, 1862 bis 1909 Professor für Zoologie in Jena, veröffentlichte 1868 sein populärwissenschaftliches Buch »Natürliche Schöpfungsgeschichte«, in der er vor allem die Theorien

Darwins vertrat. In seiner »Generellen Morphologie der Organismen« von 1866 (Band I, S. 182) ist auch von einer »dereinstigen« Urzeugung (Autogenie) zu lesen.

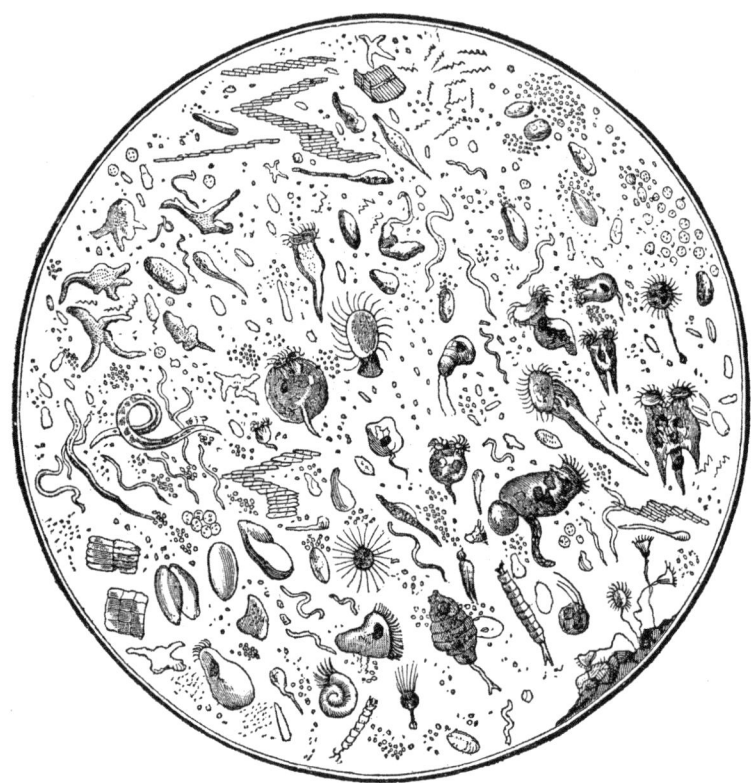

Abb. 1 Infusionstierchen, Infusorien oder Aufgusstierchen unter dem Mikroskop (»Bilder-Conversations-Lexikon«, Brockhaus, Leipzig 1838) – Mikroorganismen wie Wimpertierchen (Protozoen) und Geißeltierchen (Flagellaten), die sich in einem Aufguss von Wasser auf Heu u. a. aus Dauerstadien (Zysten, Sporen) entwickeln. »Der Anblick eines Wassertropfens durch das Mikroskop muß dem denkenden Menschen die ehrfurchtvollste Bewunderung der Macht und Größe des Schöpfers einflößen, der Welten lebender Wesen hervorruft, welche unseren Blicken verschwinden. Die Schöpfung, sehen wir, ist, wie in der Größe, so auch in der Kleinheit unendlich, überall voller Bewegung und Leben.«

Skeptisch gegenüber den beschriebenen Experimenten zeigte sich jedoch bereits der italienische Biologe und Philosoph Lazzaro *Spallanzani* (1729–1799). Er war überzeugt, dass Needham und Buffon ihre Fleischbouillon nicht lange und nicht hoch genug erhitzt hatten, um sie vollständig zu sterilisieren. Er wiederholte die Versuche 1768, indem er eine Nährlösung 30–45 Minuten erhitzte und dann erst die Flaschen versiegelte; danach, berichtete er, seien keine Mikroorganismen nachweisbar gewesen.

Er gelangte somit noch vor dem französischen Chemiker und Bakteriologen Louis *Pasteur* (1822–1895) zu dem Ergebnis, dass in erhitzten und verschlossenen Gefäßen keine sogenannten »Infusorien« entstehen können. Spallanzani führte u. a. die erste künstliche Besamung bei Hunden durch. Pasteur widerlegte die angebliche Urzeugung in faulendem Schlamm (um 1862) und erkannte 1865 lebende Hefezellen und andere Mikroorganismen als Ursache von Gärung und Fäulnis.

(Siehe zu diesem Thema auch: *Spektrum der Wissenschaft*: Von der Urzeugung zum künstlichen Leben, Mai 2010.)

1.1.2 Entwicklungen zu einer chemischen Evolution

Noch vor den Experimenten des damaligen Studenten Stanley *Miller* nach Ideen seines Lehrers Harold C. *Urey* in der Universität von Chicago, aus einer Uratmosphäre Aminosäuren entstehen zu lassen, führte der Chemiker Walther *Löb* (1872–1916) im Jahre 1913 vergleichbare Experimente durch – jedoch unter anderen Gesichtspunkten als denen der chemischen Evolution. Löb, ab 1898 Privatdozent der Physikalischen Chemie an der Universität Bonn, ab 1906 an der Universität Berlin, publizierte in den »Berichten der deutschen chemischen Gesellschaft« 1913 eine Arbeit mit dem Titel »Verhalten des Formamids unter der Einwirkung der stillen Entladung. Zur Frage der N-Assimilation.« Darin beschreibt er die Wirkung einer stillen Entladung auf ein Gemisch von Kohlenstoffmonoxid, Ammoniak und Wasser und erhält dabei Spuren von Aminosäuren, vor allem von Glycin. F. L. *Boschke*, der »Stanley Millers Aminosäure-Synthese« in seinem Bestseller »Die Schöpfung ist noch nicht zu Ende. Naturwissenschaftler auf der Spur der Genesis« (1. Aufl. 1962 mit 1.–5. Tausend, 1965 161.–180. Tausend) ein eigenes Kapitel widmet, schrieb darin, dass die Priorität des Stanley'schen Experiments eigentlich dem »sehr gescheiten Chemiker Walter Löb« zukomme, die Zeit aber für die Gedanken an eine Uratmosphäre mit dem Hintergrund der Entstehung des Lebens noch nicht reif gewesen sei.

Der russische Biochemiker Aleksandr Iwanowitsch *Oparin* (1894–1980) begann 1922 in Moskau mit Untersuchungen zur abiogenen Entstehung des Lebens auf der Erde; er ging von einer durch die Zersetzung von Carbiden und Nitriden entstandenen Ursuppe aus.

Stanley Lloyd *Miller* (1930–2007) setzte als Student an der Universität von Chicago in einer einfachen Versuchsapparatur nach Vorschlägen seines Lehrers Harold C. *Urey* (1893–1981; 1934 Nobelpreis für Chemie für seine Entdeckung des schweren Wasserstoffs) ein Gemisch aus Methan, Ammoniak und Wasserstoff elektrischen Entladungen aus. Nach einigen Tagen konnte er als Reaktionsprodukte sowohl einige niedere Carbon- und Fettsäuren als auch Aminosäuren nachweisen. Sein Experiment wird heute als *Ursuppen-Experiment* bzw. *Miller-Urey-Experiment* bezeichnet. Als Zwischenprodukte entstehen bei diesem Experiment Methanal und Cyanwasserstoff, aus denen sich unter simulierten Bedingungen der Erde (vor etwa 4,5 Milliarden Jahren) auch weitere Biomoleküle synthetisieren lassen. So gelang 1960 dem Biochemiker Juan *Orb* die Synthese von Adenin und Guanin durch Wärmepolymerisation von Ammoniumcyanid in wässriger Lösung.

Die Mitwirkung von Mineralien ist ein weiterer Baustein der chemischen Evolution. Grundsätzlich können Minerale folgende Funktionen haben: Organische Moleküle in den winzigen Hohlräumen von Gesteinen sind vor intensiver UV-Strahlung geschützt. Kristalloberflächen können als Matrix für Polymerisationen dienen, wobei sie auch bestimmte Molekülformen bevorzugen können. So ist bekannt, dass L- und D-Aminosäuren sich auf einem Calcit-Kristall an unterschiedlichen Stellen anlagern. Am Tonmineral Montmorillonit konnten Proteine mit Kettenlängen von mehr als 50 Proteinen synthetisiert werden. Metallionen können als Katalysatoren beim Aufbau von Biomolekülen wirken. Eine besondere Rolle kommt nach den Theorie von Günter *Wächtershäuser* (1938 in Gießen geboren, Honorarprofessor für evolutionäre Biochemie der Universität Regensburg und Patentanwalt in München) den *Eisen-Schwefel-Mineralien* zu. Die Theorie von Miller und Urey konnte zwar die Entstehung kleinere präbiotischer organischer Moleküle, aber nicht eine weitergehende Polymerisation erklären. Sulfide aus den vulkanischen Prozessen, die auch heute noch in Tiefseevulkanen gebildet werden, waren schon in der Frühzeit der Erde vorhanden. Bei Synthesen an sulfidischen Mineralen ist die Bildung komplexer Biomoleküle auch an eine Energie-versorgung infolge der Reduktion von Eisen in Mineralen wie dem Pyrit (FeS_2) mit elementarem Wasserstoff gebunden ($FeS_2 + H_2 \rightarrow FeS + H_2S$). Es entsteht genügend Energie für eine präbiotische Ammoniaksynthese aus den Elementen und auch für die Synthesereaktion bis zur Polymerisation. Die positiv geladenen Oberflächen der Pyrite und anderer Eisen-Schwefel-Minerale können auch die entstandenen negativ geladenen Biomoleküle wie organische Säuren und Thiolate binden, konzentrieren und führen so zu weiteren Reaktionen zwischen diesen Substanzen. Nach dieser Theorie, die keine Energie von außen, also keine UV-Strahlung bzw. keine elektrischen Entladungen benötigt, lassen sich viele der heute bekannten Synthesereaktionen nachvollziehen – bis hin zu den Wirkungen von Enzymen mit aktiven Eisen-Schwefel-Zentren. Da in etlichen Meteoriten auch einfach organische Moleküle nachgewiesen wurden (wie Aminosäuren), so wird auch die Entstehung und Herkunft von Biomolekülen aus dem Weltall diskutiert. Die bereits erwähnte *Panspermie-Hypothese* vertritt sogar die Meinung, die Erde sei mit niederen, bakterienähnlichen Lebensformen aus dem Weltall »angeimpft« worden.

Die chemischen Theorien der Evolution beschäftigen sich über die angesprochenen Synthesemöglichkeiten hinaus auch mit der Bildung von Zellvorläufern. So konnte schon *Oparin* zeigen, dass abgegrenzte Räume mit einem einfachen Stoffwechsel prinzipiell durch Selbstorganisation entstehen können, wenn Katalysatoren mit spezifischen Eigenschaften vorhanden sind. Als Beispiel kann die Bildung kleiner Tröpfchen aus kolloidalen Lösung von Biomakromolekülen durch den Zusatz von Salz genannt werden. Im Experiment konnte gezeigt werden, dass Tröpfchen aus Histon und Gummi arabicum zusammen mit dem Enzym Phosphorylase aus der Umgebung Glucose-1-phosphat aufnehmen und daraus Stärke synthetisieren und speichern.

Alle chemischen Ansätze einer Evolution führen zu dem Ergebnis, dass sich nur eine Form von Leben, nämlich diejenige auf der Grundlage von Nucleinsäuren (RNA und DNA), durchgesetzt hat. In allen bekannten Lebensformen finden wir die gleichen Bausteine für zwei lebenstypische Makromoleküle: Nucleinsäuren und Proteine, fünf Nucleotide und 20 Aminosäuren, und den universell gültigen genetischen Code. Die *RNA-Welt-Hypothese*, die auf das Miller-Urey-Experiment aufbaut, wurde erstmals 1967 von Carl *Woese* (Jg. 1928, USamerikanischer Mikro- und Evolutionsbiologe) vorgeschlagen. Sie geht davon aus, dass die Entstehung von Ribonucleinsäuren als universellen Bausteinen sowohl zur Informationsspeicherung als auch zur Katalyse chemischer Reaktionen die Grundlage für die heutigen Formen des Lebens bildete. Sie wird auch als Bindeglied zwischen der chemischer Evolution, der Entstehung organischer Moleküle aus anorganischen Verbindungen, und der Bildung erster zellulärer Lebensformen verstanden. Nach neuesten Ergebnissen können Nucleinbasen (s. auch Abschnitt 4.3) aus Cyanwasserstoff, Acetylen und Wasser entstehen, Zucker aus Methanal und der zur Stabilisierung erforderliche Phosphor kann aus einem seltenen Mineral, dem Schreibersit $(Fe,Ni)_3P$ (Vorkommen in Eisenmeteoriten), stammen. Im Frühjahr 2009 führten John *Sutherland* und seine Mitarbeiter von der University of Manchester aufbauend auf diesem Ansatz ihre Experimente durch und erhielten ein Fragment eines Zuckers, das an ein Stück einer Nucleinbase gebunden ist – das 2-Aminooxazol (s. Spektrum der Wissenschaft, Dossier 3/10, S. 6–13). Trotz aller dieser erfolgreichen Experimente existiert bis heute noch kein einheitliches Bild einer *chemischen Evolution* bzw. *präbiotischen Chemie*. Zur Entstehung von Proteinen einerseits (Miller-Urey-Experiment) und Nucleinsäuren andererseits (RNA-Welt-Hypothese) werden Alternativhypothesen diskutiert, die Peptid-Nucleinsäuren, Threose-Nucleinsäuren und Glycerol-Nucleinsäuren einschließen – als mögliche und einfachere Vorgänger der RNA. Für Peptid-Nucleinsäuren konnte bereits nachgewiesen werden, dass sie sich selbst replizieren und somit als Vorlage der RNA gewirkt haben könnten. Auch eine Entstehung von Peptid-Nucleinsäuren aus der beschriebenen Ursuppe ist möglich. Schließlich wird auch die Herkunft solcher Moleküle aus dem Weltall diskutiert.

1.2 Vom Vitalismus zur Biochemie

1.2.1 Aus der Geschichte des Vitalismus

Bis in die Mitte des 19. Jahrhunderts bestimmten die Theorien des *Vitalismus* auch die Denkweise der experimentierenden Wissenschaftler. Sie glaubten, dass die Zellen eine geheimnisvolle *Lebenskraft* enthalten, die alle Lebensvorgänge bestimmen und steuern würden. Diese Lebenskraft sei ein eigenständiges Prinzip, die Grundlage alles Lebendigen und somit der wesentliche Unterschied zwischen Organischem und Anorganischem. Eine Erklärung des Lebendigen ausschließlich aufgrund chemischer und physikalischer Grundprinzipien lehnt der Vitalismus (im Unterschied zum Mechanismus bzw. Materialismus) ab.

Als Vorläufer des Vitalismus gilt der griechische Philosoph *Aristoteles* (384 – 322 v. Chr.) Er ging davon aus, dass das Lebendige durch ein Lebensprinzip ermöglicht wird, welches er *Entelechie* nannte. Die Philosophie versteht heute unter Entelechie ein innewohnendes Formprinzip, das u. a. den Organismus zur Selbstentwicklung bringt, oder – allgemeiner – die Selbstverwirklichung der in einem Seienden angelegten Möglichkeiten, wobei die immanente Zielbestimmung der Entwicklung hervorgehoben wird.

Die *vitalistische* Betrachtung der Lebensvorgänge steht somit im Gegensatz zu der *mechanistischen* Betrachtungsweise, die unter den griechischen Philosophen schon *Demokrit* (um 460 bis um 376 v. Chr.) vertrat. Er wollte das Weltganze aus dem Zusammenspiel der von ihm definierten Atome erklären.

Als bedeutende Vertreter des Vitalismus gelten allgemein Jan Baptist van Helmont, Georg Ernst Stahl, Albrecht von Haller und Johann Friedrich Blumenbach.

Jan Baptist van *Helmont* (1577 – 1644), als Sohn adeliger Eltern in Brüssel geboren, ist in die Chemiegeschichte vor allem als selbstständig beobachtender Chemiker eingegangen, der u. a. das Kohlenstoffdioxid als »Gas sylvestris« aus Kalkstein durch die Einwirkung von Säuren und als Produkt der Gärung herstellte (um 1640). Van Helmont studierte in Löwen, erhielt 1599 die medizinische Doktorwürde und betrieb auch in Vilvorde zeitweise eine Arztpraxis. Er war Anhänger des Paracelsus und wurde von der spanischen Inquisition, da er die Heilkraft der Religion leugnete, ab 1634 unter Hausarrest gestellt. Erst seine Witwe konnte 1646 seine Rehabilitierung erwirken. Berühmt wurde er auch durch zwei biologische Experimente. Er grub einen fünf Pfund schweren Weidenschössling aus; nachdem er die Erde von den Wurzeln entfernt hatte, wog er den Schössling und pflanzte ihn in einen Topf voll ebenfalls abgewogener Erde. Der Baum wurde regelmäßig mit Wasser gegossen. Nach fünf Jahren zog van Helmont die Weide aus dem Topf und stellte fest, dass ihr Gewicht auf über 169 Pfund gestiegen, von der Erde aber nur wenig verloren gegangen war. Daraus schloss er nach dem damaligen Wissensstand, 164 Pfund Holz, Rinde und Wurzeln seien allein aus Wasser entstanden. Die Rolle des von ihm entdeckten Gases Kohlenstoffdioxid konnte er noch nicht erkennen. Zugleich war Helmont auch Anhänger der *Abiogenese* (Urzeugung), der spontanen Entstehung von Leben aus unbelebter Materie (erst 1862 durch Louis Pasteur widerlegt – s. Abschnitt 1.1.2). In seinen theoretisch-philosophischen Ansichten vertrat Helmont die Meinung, dass Materie und Seele nicht zu trennen seien. Sowohl seine als auch Paracelsus' Ansichten werden als nicht-mechanistisch, vitalistisch und beinahe antirational bezeichnet – im Gegensatz zu seinen analytischen Untersuchungen über Gase und zu seinen Messungen.

Er stand damit auch im Gegensatz zu seinem französischen Zeitgenossen René *Descartes* (1596–1650), der das Leben als einen mechanistischen, von der menschlichen Seele getrennten Prozess ansah. Der Philosoph, Mathematiker und Naturwissenschaftler Descartes (latinisiert Renatus Cartesius) war Schüler der Jesuitenschule in La Flèche, studierte Jura, Literatur, Mathematik und Philosophie in Paris und Poitiers, wurde unter Tilly Offizier im Dreißigjährigen Krieg, lebte ab 1629 in den Niederlanden und folgte 1649 einem Ruf der Königin Christine als Lehrer des Königshauses nach Stockholm, wo er schon wenige Monate später starb. Er gilt als Begründer einer neuen Philosophie, war ein hervorragender Mathematiker und beschäftigte sich intensiv mit Astronomie, Meteorologie, Optik, Chemie und Medizin. In seiner mechanistischen Deutung der Lebensvorgänge sah er den menschlichen Körper als eine Maschine, die von der Seele über die Hypophyse (s. Abschnitt 4.4) gesteuert wird.

Georg Ernst *Stahl* (1660–1734) studierte Medizin in Jena (Promotion 1694), war ab 1687 Leibarzt des Herzogs von Sachsen-Weimar und wurde 1694 Professor für Medizin an der neu gegründeten Universität Halle. 1716 wurde er Leibarzt des preußischen Königs Friedrich Wilhelm I. und auch Präsident des Berliner Collegium Medicum. Stahl entwickelte die Phlogistontheorie, nach der bei der Verbrennung, bei der Verkalkung, der Verwesung und Gärung ein in den jeweiligen Stoffen (wie Kohle) enthaltener Bestandteil, das Phlogiston, entweicht. Mit dieser Theorie konnten später – nach der Entdeckung des Sauerstoffs – alle als Oxidation und Reduktion erkannten chemischen Reaktionen in einem einheitlichen System zusammengefasst werden. In die Medizingeschichte ist Stahl als Vertreter

des Vitalismus durch sein Werk »Theoria medica vera« (1708) eingegangen, in dem er ein animistisches System schuf, in welchem die
Seele zum eigentlichen Träger aller Lebensvorgänge erklärt wurde.

Albrecht von *Haller* (1708–1777) war ein schweizerischer Arzt, Naturforscher und Schriftsteller, der von 1736 bis 1753 als Professor für
Anatomie, Chirurgie und Botanik in Göttingen, danach in Bern u. a.
auch als Schulrat wirkte. Er hatte ab 1723 in Tübingen Naturwissenschaften und Medizin studiert, 1727 in Leiden promoviert und kehrte
nach weiteren Studien in England und Frankreich 1728 in die
Schweiz zurück. Dort studierte er an der Universität Basel Mathematik und Botanik, wurde 1729 praktischer Arzt in Bern, 1734 Stadtarzt.
In Göttingen begründete er den Botanischen Garten. Durch seine
umfangreichen wissenschaftlichen Arbeiten (in Publikationen von
rund 50 000 (!) Seiten Umfang) wurde er zum Begründer der modernen experimentellen Physiologie. Durch seine Tätigkeit in der Göttinger Gesellschaft der Wissenschaften machte er sich als Wissen-
schaftsorganisator verdient, der für die institutionelle Verwirklichung
des Ideals von der Einheit von Forschung und Lehre eintrat. Auch als
Dichter und Schriftsteller (ab 1732) wurde von Haller bekannt. Obwohl er eine kritische Zusammenstellung des anatomisch-physiologi-
schen Wissens seiner Zeit verfasste, gilt von Haller in seiner natur-
philosophischen Einstellung als Vertreter des Vitalismus.

Auch Johann Friedrich *Blumenbach* (1752–1840), von 1776 bis 1835
Professor für Arzneiwissenschaften und Medizin an der Georg-Au-
gust-Universität in Göttingen, war ein Vertreter des Vitalismus. Blumenbach stammte aus Gotha, studierte in Jena und Göttingen (Promotion zum Dr. med. 1775). Er gilt als Mitbegründer der wissenschaftlichen Anthropologie und auch Begründer der vergleichenden
Anatomie als Lehrfach. Zugleich war Blumenbach ein Verfechter der
Epigenese, der Ansicht, dass sich bei der Entwicklung eines Organismus neue Strukturen bilden, die nicht schon im Ei oder Samen vor-
gebildet sind (Postformationstheorie). Bereits Aristoteles hatte die
Frage gestellt, warum sich ein Organismus von einem befruchteten
Ei zu einer vollkommenen erwachsenen Form entwickeln kann. Er
betrachtete ein Embryo als formlose Masse, der die Fähigkeit fehle,
sich zu einem komplexen Organismus auszubilden; daher müsse
ein höheres formbildendes Prinzip vorliegen, das Blumenbach
eidos nannte. Im 18. Jahrhundert vertrat auch Caspar Friedrich *Wolff*
(1733–1794), Anatom und Physiologe, ab 1767 Professor in St. Pe-

tersburg, als Mitbegründer der Embryologie und Entwicklungsgeschichte diese Theorie. Die moderne Genforschung verwendet den Begriff *epigenetische Regeln* und meint damit die kontinuierliche Anpassung des Organismus an seine Umwelten. Im Zuge der sogenannten »Out of Africa«-Wander- und Siedlungsbewegungen sind damit unterschiedliche Kulturen, Denkweisen und auch biologische Differenzierungen zu erklären.

Im 20. Jahrhundert vertrat als letzter bedeutender Biologe Hans Adolf Eduard *Driesch* (1867–1941) die Position des Vitalismus (Neovitalismus). Der Naturphilosoph und Zoologe forschte ab 1891 an der Zoologischen Station Neapel, war ab 1900 Privatgelehrter in Heidelberg und hatte ab 1907 verschiedene Professuren in Aberdeen, Heidelberg, Köln und Leipzig inne. Bekannt wurde er durch seine Versuche zur Embryologie des Seeigels, deren Ergebnisse er im Sinne der Lehre vom Vitalismus deutete. Dadurch kam es zu einem Bruch mit seinem Lehrer Ernst Haeckel (1834–1914). Driesch verwendete den aristotelischen Begriff der *Entelechie* (innewohnendes Formprinzip, das u.a. einen Organismus zur Selbstentwicklung befähigt) und publizierte 1905 sein Buch »Vitalismus als Geschichte und als Lehre«.

1.2.2 Wöhlers Harnstoffsynthese

Fast 80 Jahre zuvor hatte der Chemiker Friedrich *Wöhler* (1800–1882) mit seiner Synthese des Harnstoffs aus anorganischem Ammoniumcyanat (1828) gezeigt, dass auch außerhalb eines lebenden Organismus die Synthese eines organischen Stoffes möglich ist.

In einem Brief an seinen schwedischen Lehrer Berzelius schrieb Wöhler aus Berlin am 22. Februar 1828 (nach zwei Briefen vom 12. Januar und 2. Februar, auf deren Antwort er *täglich, oder vielmehr stündlich in der gespannten Hoffnung lebe*, dass er eine Antwort jedoch nicht abwarten könne),

»…denn ich kann, so zu sagen, mein chemisches Wasser nicht halten und muss Ihnen sagen, dass ich Harnstoff machen kann, ohne dazu Nieren oder überhaupt ein Thier, sey es Mensch oder Hund, nöthig zu haben. Das cyansaure Ammoniak ist Harnstoff. – Vielleicht erinnern Sie sich noch der Versuche, die ich in der glücklichen Zeit, als ich noch bei Ihnen arbeitete, anstellte, wo ich fand, dass immer, wenn man Cyansäure mit Ammoniak zu verbinden sucht, eine krystallisirte Substanz entsteht, die sich indifferent verhielt und weder auf Cyansäure noch

Ammoniak reagirte. Beim Durchblättern meines Journals fiel mir dies wieder auf, und ich hielt es für möglich, dass durch die Vereinigung von Cyansäure mit Ammoniak die Elemente, zwar in derselben Proportion, aber auf eine andere Art zusammentreten könnten und hierbey vielleicht z. B. eine vegetabilische Salzbase oder etwas Aehnliches gebildet werden könne. Ich machte mir dies daher zum Gegenstand einer, für meine beschränkte Zeit passenden, kleinen Untersuchung, mit der ich sehr geschwind fertig war, da ich, Gotte sey Dank, keinen Wägungsversuch zu machen hatte. (...)

Ich bekam es in Menge schön krystallisirt und zwar in klaren, rechtwinklig 4seitigen Säulen. (...)

Nun war ich au fait, und es bedurfte nun weiter Nichts als einer vergleichenden Untersuchung mit Piss-Harnstoff, den ich in jeder Hinsicht selbst gemacht habe, und dem Cyan-Harnstoff. (...)«

Wöhler hatte in Marburg und Heidelberg Medizin studiert (ab 1820; Promotion 1823), wandte sich dann der Chemie zu und arbeitete 1823/24 in Stockholm im Labor von Berzelius. Von 1825 bis 1831 war er an der Gewerbeschule in Berlin (ab 1828 als Professor), von 1831 bis 1836 an der Gewerbeschule in Kassel tätig. Danach erhielt er in Göttingen den Lehrstuhl für Chemie und Pharmazie an der Universität Göttingen.

Am Ende des in Auszügen zitierten Briefes an Berzelius stellte Wöhler die Frage:

»Diese künstliche Bildung von Harnstoff, kann man sie als ein Beispiel einer organischen Substanz aus unorganischen Stoffen betrachten? Es ist auffallend, dass man zur Hervorbringung von Cyansäure (und auch von Ammoniak) immer doch ursprünglich eine organische Substanz haben muss, und ein Naturphilosoph würde sagen, dass sowohl aus der thierischen Kohle, als auch aus den daraus gebildeten Cyanverbindungen, das Organische noch nicht verschwunden, und daher immer noch ein organischer Körper daraus wieder hervorzubringen ist.«

Daraus wird deutlich, dass Wöhler eine künstliche Bildung des Harnstoffs, die wirklich unabhängig von der Natur wäre, erst durch eine Hervorbringung aus den Elementen erreicht sehen würde. Eine solche Synthese gelang 1845 am Beispiel der Essigsäure Adolf Wilhelm Hermann *Kolbe* (1818–1884), der auch den Begriff der Synthese im Sinne der künstlichen Darstellung organischen Substanzen benutzte. Kolbe schrieb:

Abb. 2 Das Wöhler-Denkmal in Göttingen (Hospitalstraße).

»So ergibt sich daraus die interessante Tatsache, dass die Essigsäure, welche bisher nur als Oxidationsprodukt organischer Materie bekannt gewesen ist, auch durch Synthese aus ihren Elementen unmittelbar zusammengesetzt werden kann...«

Adolf von *Baeyer* (1835–1917), seit 1875 Nachfolger Liebigs an der Universität München, würdigte Wöhlers Leistung 50 Jahre später in seiner Festrede in der öffentlichen Sitzung der Königlich-Bayerischen Akademie der Wissenschaften am 25. Juli 1878 mit folgenden Worten:

»Konnte man den Harnstoff künstlich darstellen, so gab es keine Schranke mehr zwischen organischer und unorganischer Welt und mit frohem Erstaunen sah man der experimentellen Forschung die Möglichkeit eröffnet, die zahllosen Stoffe des Pflanzen- und Thierreiches künstliche darzustellen, vielleicht sogar – wenn auch nur in späterer Zukunft – das große Rätsel zu lösen, welches wir Leben nennen.«

Victor *Meyer* (1848–1897), seit 1872 o. Professor an der Polytechnischen Hochschule in Zürich, 1885–1888 Nachfolger Wöhlers in Göttingen, dann Nachfolger Bunsens in Heidelberg, nahm in einer Vorlesung in Zürich auch zur weltanschaulichen Bedeutung der Harnstoff-Synthese im Hinblick auf die Überwindung der Lehre vom Vitalismus Stellung:

»Man weiß, dass der unwissenschaftliche Begriff der Lebenskraft weit über den Anfang unseres Jahrhunderts hinaus in der Naturforschung herrschend war. Während man alles Mineralisch als unter dem Einfluß der Naturgesetze stehend ansah, glaubte man, dass das Gebiet des Organisirten, das Pflanzen- und Thierreich, der Herrschaft einer geheimnisvollen Macht unterliege, welche, weil allein sie Lebendes zu bilden vermöchte, eben jenen Namen der Lebenskraft erhielt. Speciell für die Wissenschaft Wöhlers hatte diese Anschauung zur Folge, dass die sogenannte ›organische‹ Chemie als von der ›unorganischen‹ specifisch verschieden angesehen wurde. Denn während in dieser die Naturkräfte herrschten, sollte jene dem Gebote der Lebenskraft unterthan sein. In der Tat widersprachen einer solchen Eintheilung die damaligen Erfahrungen nicht. Es war den Chemikern schon längst gelungen, die Bestandtheile der Gesteine und selbst complicirte mineralische Verbindungen künstlich darzustellen, niemals aber war ein Product des pflanzlichen oder thierischen Lebensprocesses unter den glücklichen Händen eines Experimentators durch Synthese entstanden. Da erscheint im Jahre 1828 Wöhlers ruhmvolle Entdeckung: die künstliche Darstellung des Harnstoffes. Es war ihm gelungen, das wichtigste Umsetzungsproduct des menschlichen Stoffwechsels, einen Körper, den zu bilden bisher allein unser Organismus befähigt schien und den man nur aus animalischen Secreten hatten gewinnen können, künstlich aus seinen Elementen: Kohlenstoff, Wasserstoff, Sauerstoff und Stickstoff, aufzubauen. Die Theorie von der Lebenskraft – ohnedies unvereinbar mit dem später zur Erkenntnis gelangten Princip von der Erhaltung der Energie – war durch Wöhlers denkwürdigen Fund thatsächlich widerlegt: der glänzende Beweis für die Unumschränktheit des chemischen Könnens war erbracht und der Name Wöhlers durch eine Entdeckung geziert, die nicht nur für die Naturwissenschaft, sondern für die gesammte Culturgeschichte epochemachend sein musste.«

Der organische Chemiker und Chemiehistoriker Paul *Walden* (1863–1957) schrieb 1928, damals Professor für Chemie an der Universität Rostock, u. a.:

»Die Wöhlersche Synthese ist ja eine Tat, die nicht allein die chemischen Spezialisten interessiert, sie ist ein reizvolles Schulbeispiel für die Biologie von Entdeckungen überhaupt, eine Illustration des Wechselspiels zwischen Theorie, Zufall und Praxis, zwischen bewusst Erstrebtem und ungewollt Erreichtem. Sie zeigt den eigenartigen mühevollen Lebensweg der neuartigen wissenschaftlichen Erkenntnisse. In ihren praktischen Auswirkungen zeigt diese Synthese die Macht der Summation kleinster Faktoren, die allendlich und zwangsläufig zu den größten Endergebnissen, zu Neubildungen in der Weltanschauung, Weltkultur und Weltwirtschaft führen.«

1.2.3 Die Anfänge der Biochemie im Tübinger Schlosslaboratorium

Der mächtige Renaissance-Vierflügelbau des Schlosses Hohentübingen auf dem 372 m hohen Schlossberg wurde an der Stelle einer mittelalterlichen Burg von den Herzögen von Württemberg ab 1507 erbaut. Der erste Bauherr war *Herzog Ulrich* (regierte 1498–1519 und 1534–1550). Das untere Schlossportal aus der Zeit von *Herzog Friedrich* (regierte 1593–1608) gilt als eines der schönsten Kunstwerke der Renaissance im Lande Württemberg. Es wurde vom Landesbaumeister Heinrich *Schickardt* (1558–1635) entworfen und ist im Stil eines römischen Triumphbogens mit dem württembergischen Herzogswappen im Zentrum über dem Tor gestaltet. An den Pfeilern sind Darstellungen der Götter Poseidon, Artemis, Nike sowie von Athene, der Göttin der Weisheit mit Eule, zu bewundern. Über dem Torbogen schreckt den Besucher eine furchterregende Fratze, über den Pfeilern stehen rechts und links Figuren zweier Landsknechte in der modischen Tudorkleidung ihrer Zeit mit Muskete und Zweihandschwert. Die 1477 von dem württembergischen Grafen Eberhard im Barte gegründete Universität übernahm bereits in der Mitte des 18. Jahrhunderts erste Räume im Schloss; 1816 übertrug der württembergische König Wilhelm I. das gesamte Schloss der Universität. Im Rittersaal war zeitweise die Universitätsbibliothek, im Nord-Ost-Turm die Sternwarte untergebracht und in der Schlossküche wurde ein chemisches Laboratorium eingerichtet.

Abb. 3 Eingang zum ehemaligen Schlosslaboratorium mit Gedenktafeln im Schloss Hohentübingen.

Als einer der ersten *Biochemiker* wird häufig Georg Karl Ludwig *Sigwart* (1784–1864) genannt. Vater und Großvater waren Professoren der Medizin in Tübingen. Sigwart begann mit 16 Jahren sein Studium der Medizin und der Naturwissenschaften in Tübingen und promovierte 1808 mit einer Arbeit über die Herbst-Zeitlose (*Colchicum autumnale*), in der er »eine chemisch und organisch ausgesprochene Polarität« nachwies. Zunächst wurde er Mitarbeiter an Gehlen's Journal für Chemie und Physik in München, dann Privatdozent an der neu gegründeten Berliner Universität. Ab 1813 wirkte er ununterbrochen in Tübingen – ab 1818 als außerordentlicher Professor der Arzneiwissenschaft – neben den Chemikern Kielmeyer und Christian Gmelin.

Das 1733 erbaute chemische Universitätslaboratorium war 1809 an die Anatomie abgetreten worden, in deren Nähe es lag. Zu dieser Zeit (ab 1796) lehrte Karl Friedrich *Kielmeyer* (1765–1844) Chemie und

Botanik. Ihm bot man als Ersatz die Hofküche im Schloss als Laboratorium an. Er lehnte jedoch ab, weil die Entfernung zwischen dem Laboratorium (hoch auf dem Schlossberg) und dem Botanischen Garten zu groß und vor allem nachteilig für seine Gesundheit sowie auch den Studenten nicht zumutbar sei. 1817 wurde Kielmeyer Direktor der königlichen wissenschaftlichen Sammlungen in Stuttgart. Sein Nachfolger Christian Gottlob *Gmelin* (1792–1860) bezog dann die neuen Räume im Schloss. Das Haus seiner Familie steht am Markt (Apotheke). Anja Vöckel schreibt in ihrer Dissertation über das Schlosslaboratorium u. a.:

> »Die Arbeitsbedingungen in den kalten dunklen Räumen waren allerdings völlig unzureichend, so dass Gmelin es vorzog, empfindliche und teure Apparaturen zum Schutz in seinem Privatlaboratorium aufzustellen, das zu seiner Apotheke am Markt gehörte...«

Peter *Bohley* (Biochemiker an der Universität Tübingen) bezeichnete in einem Vortrag (2009) »Das Schlosslabor in der Küche von Hohentübingen« als »Wiege der Biochemie«. Sigwart führte dort u. a. Untersuchungen über Gallensteine, Blut, Leberkonkremente und ein Pigment und fettwachsartige Materie im Ochsenblut (B. Lepsius in der ADB) durch. Insgesamt werden die Arbeiten von Sigwart, der 50 Jahre in Tübingen tätig war, aber keinen Lehrstuhl erhielt, als von physiologischer, chemischer und botanischer Art bezeichnet.

1845 wurde Julius Eugen *Schloßberger* (1819–1860) auf den außerordentlichen Lehrstuhl für Chemie in der medizinischen Fakultät berufen. Er war ein Schüler Liebigs, wirkte bis zu seinem frühen Tod in Tübingen und erweiterte das »alte chemische Laboratorium« im Schloss um einen großen Hörsaal und auch Arbeitsräume für Studenten und Dozenten. An ihn erinnert die Gedenktafel am Schloss unter derjenigen seines Nachfolgers Hoppe-Seyler mit dem Text: »Hier arbeitete von 1846–1860 Julius Eugen Schlossberger, der Begründer der physiologischen Chemie an der Universität Tübingen«. Schloßberger hatte in Tübingen Medizin studiert (Promotion 1840) und nach seiner Zeit als Assistenzarzt am Katharinenhospital in Stuttgart (1841/42) seine Ausbildung u. a. bei Liebig in Gießen vervollkommnet. Durch dessen Einfluss hatte er sich auch der physiologischen Chemie zugewandt. In Tübingen beschäftigte er sich u. a. mit der Analyse von Muskelfleisch (eines Alligators), von Kreatinin als Bestandteil des menschlichen Muskels, publizierte über die »Hippursäure in den Hautschuppen bei Ichtyose« und die »Analyse von Galle« (von Phyton tigris, Wels und Känguru).

Von 1861 bis 1872 wirkte im Schlosslaboratorium dann Felix *Hoppe-Seyler* (1825–1895). Er wurde in Freyburg (Unstrut) als Sohn eines Geistlichen geboren und starb in Wasserburg am Bodensee. Nach der Adoption durch Dr. Seyler, den Schwager seines Vaters, nahm er auch dessen Namen an. Hoppe-Seyler studierte Medizin in Halle und Leipzig und promovierte 1850 an der Universität Berlin. Er wirkte zunächst als praktischer Arzt in Berlin, wurde 1854 Prosector für Anatomie in Greifswald und nach seiner Habilitation 1860 Professor und Leiter des chemischen Laboratoriums der Medizinischen Fakultät der Universität Berlin unter dem berühmten Rudolf Virchow. 1861 folgte er dem Ruf an die Universität Tübingen und ab 1872 war er o. Professor für physiologische Chemie an der Universität Straßburg. Die oberste Gedenktafel am linken Gebäudeteil des Schlosses Hohentübingen enthält folgenden Text:

> »Ehemaliges Schlosslaboratorium. Arbeitsstätte von Felix Hoppe-Seyler 1861–72 und Gustav Hüfner 1872–1885. Zum 100. Geburtstag Hoppe-Seylers dem 26. Dezember 1925 die Naturwissenschaftliche Fakultät.«

Bereits 1852 hatte Hoppe-Seyler in Berlin mit Untersuchungen des Blutes begonnen, wofür er neue, vor allem auch physikalisch-chemische Methoden einführte – u. a. zur Aufnahme des Absorptionsspektrums des Blutfarbstoffs. In Tübingen bewies er 1866, nachdem er die Bindung des Sauerstoffs an Hämoglobin untersucht hatte, dass die weiteren Oxidationsprozesse im Gewebe stattfinden. Die toxische Wirkung von Kohlenstoffmonoxid und Schwefelwasserstoff konnte er durch die Verdrängung des Sauerstoffs aus dem Oxyhämoglobin erklären. Weitere Forschungen führten zur Isolierung des Hämochromogens durch Säurebehandlung von Hämoglobin und schließlich zum eisenfreien Hämatoporphyrin. Hoppe-Seyler entwickelte die Grundlagen zur Physiologie der Atmung und auch zur Chemie des Blutfarbstoffes. 1877 gründete er die Zeitschrift für physiologische Chemie, die später seinen Namen erhielt.

Gustav von *Hüfner* (1840–1908) studierte in Leipzig und Jena, promovierte 1866 und war zunächst bei Robert Bunsen im Bereich der physikalischen Chemie tätig. Danach leitete er die chemische Abteilung des Physiologischen Instituts in Leipzig (1870–1872) und wurde anschließend als Nachfolger von Hoppe-Seyler nach Tübingen berufen. Sein Forschungsschwerpunkt war die Chemie des Hämoglobins. Er bestimmte, wie viel Sauerstoff an ein Gramm Hämoglobin gebunden werden kann – ein Wert, der als Hüfner-Zahl bezeichnet wird.

Mit der Übernahme des Schlosslaboratoriums durch Hoppe-Seyler im April 1861 erfolgten Modernisierungs- und Vergrößerungsmaßnahmen. So wurden u. a. alle Räume mit Gas- und Wasserleitungen ausgestattet und die Einrichtung um weitere Arbeitstische für Praktikanten und eine Waschküche als zusätzlichen Raum erweitert. 1864 kamen dann noch die Räume aus dem Institut für Agrikultur- und technische Chemie (von Gustav Schübler, 1787–1834, ab 1817 Professor für Naturgeschichte und Botanik, danach von Georg Karl Ludwig Sigwart genutzt) aus dem Erdgeschoss im südlichen Schlossflügel hinzu.

Über 80 Jahre vor der Strukturaufklärung der DNA als Doppelhelix durch Watson, Crick und Wilkins (1953) isolierte der junge Schweizer Biochemiker Johann Friedrich *Miescher* (1844–1895), der in Basel geboren und dort Medizin studiert hatte, 1869 im Tübinger Schlosslaboratorium aus den Kernen von Leukocyten eine Substanz, die er *Nuclein* nannte. In der zweiten Toreinfahrt und im Innenhof des Schlosses Hohentübingen erinnern Tafeln an diese Entdeckung. Miescher war als Nachwuchswissenschaftler (heute als Postdoc bezeichnet) vom Herbst 1868 bis Herbst 1869 unter Anleitung von Hoppe-Seyler in dessen Schlosslaboratorium tätig. Er beschäftigte sich mit der chemischen Zusammensetzung von Eiterzellen. Er isolierte die Kerne dieser Zellen, reinigte sie und fand darin einen Körper, den er Nuclein nannte. Darüber schrieb er 1871 weit vorausschauend:

>»Die Erkenntnis der Beziehungen zwischen Kernstoffen, Eiweißstoffen und ihren nächsten Umsatzprodukten wird allmälig den Vorhang lüften helfen, der die innern Vorgänge des Zellwachsthums noch so gänzlich verhüllt...«

1872 erhielt Miescher eine Professur in Basel und forschte dort weiter über die Eigenschaften des Nucleins. Ein Präparat von ihm, das Nuclein aus Lachssperma enthält, wird in der Präparatesammlung des Tübinger Physiologisch-Chemischen Instituts in der Gmelinstraße (dem Nachfolgeinstitut des Schlosslaboratoriums) aufbewahrt. Miescher ermittelte, dass Nucleine (später als Nucleinsäuren und Histone bezeichnet) sowohl Stickstoff als auch Phosphor enthalten. In Tübingen wurden später Nucleine auch aus anderen Quellen wie Hefe isoliert. Mit seiner Hypothese über die biologischen Funktionen des Nucleins konnte Miescher sich zunächst nicht durchsetzen. Erst 1944 wurde das Interesse am Nuclein die Experimente mit Pneumokokken von Oswald Theodore *Avery* (1877–1955) in New York sowie mit Tabakmosaikviren durch Gerhard Felix *Schramm* (1910–1969) in Tübingen wieder geweckt. Avery identifizierte die DNA, Schramm die RNA als Träger von Erbinformationen – als genetisches Material. Avery begründete die moderne Molekulargenetik. Schramm zeigte, dass die Viren-DNA für deren Infektiosität verantwortlich ist.

(Nach: G. Schwedt, Über 80 Jahre vor der DNA-Strukturaufklärung durch Watson/Crick/Wilkins. Die Entdeckung der DNA im Tübinger Schlosslaboratorium, CLB Chemie in Labor und Biotechnik 60 (2009), 348–355.)

2
Die chemischen Werke der Pflanze

2.1 Vor den Pflanzen gab es die Bakterien

In der Entwicklungsgeschichte des Lebens stehen die Bakterien an erster Stelle. Der Mikrobiologe Gerhard *Gottschalk* (Universität Göttingen) bezeichnet Bakterien in seinem unterhaltsam geschriebenen Buch »Welt der Bakterien. Die unsichtbaren Beherrscher unseres Planeten« (Wiley-VCH, Weinheim 2009) im zweiten Kapitel als »Lebewesen wie du und ich«, weil alle ihre Zellen die Erbsubstanz DNA sowie drei Arten von RNA (ribosomale RNA, Boten- oder messenger-RNA und Transfer-RNA, s. Abschnitt 4.3) enthalten und in allen Zellen die »gesamte Maschinerie von der Cytoplasmamembran umgeben« (s. Abschnitt 2.2) sei. Mit LUCA (*Last Universal Common Ancestor*) bezeichnet man das »Lebewesen, das Mutter aller Lebewesen auf der Erde war«. In Kapitel 4 geht Gottschalk auch auf die Entwicklung »vom Urknall bis zu LUCA« näher ein.

Als Modell für ein Urmeer hat Gottschalk »eine gewisse Sympathie für einen Kratersee als Ort der ersten Brutstätte«. Als Beispiel nennt er ein sogenanntes *Archaebakterium*, zwar noch ohne Zellwand, jedoch mit verschiedenartigen Hüllen versehen: *Thermoproteus tenax*. Es kann aus Wasserstoff und Schwefel als Energieträger Schwefelwasserstoff und ATP als Stoffwechselenergie gewinnen, und das Enzym Hydrogenase mit einem Metall- (Eisen-Nickel)-Schwefel-Zentrum sorgt für die Aufnahme und Weiterleitung des Wasserstoffs. Gottschalk wandelt einen Monolog Wagners Goethes »Faust«, 2. Teil (2. Akt, Szene »Im Laboratorium«), nur in einem Wort um und ist bei der Synthese von Bakterien im Kratersee:

Die Chemie des Lebens. Georg Schwedt
Copyright © 2011 WILEY-VCH Verlag GmbH & Co. KGaA, Weinheim

»Es leuchtet! Seht! – Nun lässt sich wirklich hoffen
Dass, wenn wir aus viel hundert Stoffen
Durch Mischung – denn auf die Mischung kommt es an –
Den *[Bakterien-]*Stoff gemächlich komponieren,
In einen Kolben verlutieren
Und ihn gehörig kohobieren,
So ist das Werk im Stillen abgetan.«

In der Evolution folgen den Archaebakterien die *Eubakterien* als Prokaryonten (mit Membranen, DNA und RNA, Proteinen und Enzymen sowie membrangebundenen Redoxsystemen zur Energieübertragung). Mit *prokaryotisch* wird auch eine bestimmte Organisationsstufe des Lebens bezeichnet, in der die DNA noch nicht in Chromosomen in einem Zellkern organisiert war. Bei den Eubakterien besteht die Zellwand aus einem makromolekularen Netz sogenannter *Muropeptide* (aus Aminozuckern und Aminosäuren = *Mureinsacculus*). In der Plasmamembran sind die Systeme des kontrollierten Stoffaustauschs, d. h. Permeasen und Ionenkanäle, und die Redoxsysteme der Atmungskette lokalisiert. Als *Mesosomen* bezeichnet man bei Eubakterien Membraneinstülpungen in das Innere der Zelle mit dem Zweck der Oberflächenvergrößerung. Die photoautotrophen Bakterien besitzen in der Plasmamembran – in durch die genannten Membranen abgegrenzten Räumen innerhalb des Cytoplasmas (s. Abschnitt 2.2) – charakteristische *Thylakoid-Stapel*, die Chlorophylle und die erforderlichen Redox-Systeme der photosynthetischen Elektronentransportkette enthalten (s. Abschnitt 2.3).

Interessante biochemische Vorgänge spielen sich in einer Reihe spezieller Bakterien ab. Gottschalk nennt beispielsweise die grünen Schwefelbakterien und die Purpurbakterien. *Grüne Schwefelbakterien* verwenden Schwefelwasserstoff, auch Thiosulfat oder elementaren Schwefel, als Reduktans, wobei einige Arten auch in der Lage sind, Wasserstoff oder Eisen(II)-Verbindungen phototroph zu oxidieren (s. Abschnitt 1.1.2 – Theorie von Wächtershäuser). Verfolgt man den Weg vom Schwefelwasserstoff, so wird dieser zunächst zum elementaren Schwefel oxidiert, der außerhalb der Zellen abgelagert wird. Unter dem Mikroskop kann man den Schwefel als hell strahlende Kugeln erkennen, die den äußeren Membranen der Bakterienzellen anhaften. Infolge des nun einsetzenden Schwefelwasserstoff-Mangels findet eine Oxidation des Schwefels zum Sulfat statt, wobei Wasser als Reaktionspartner erforderlich ist:

Schwefel (S) + Wasser (4 H_2O) (+ Licht) $\rightarrow$
Schwefelsäure (H_2SO_4) + Wasserstoff (6 H)
(+ ATP als Stoffwechselenergie)

Für die gesamte Gruppe der grünen Schwefelbakterien gilt, dass wenige Arten auch Thiosulfat phototroph zu Sulfat oxidieren können, die Kohlenstoff-Assimilation nicht über den Calvinzyklus (s. weiter hinten), sondern über einen reversiblen Citratzyklus verläuft und einige Arten auch organische Stoffe mit Hilfe von Lichtenergie photoheterotroph assimilieren können. Das Photosystem befindet sind in einem ATP-bildenden System, umhüllt von einer Cytoplasmamembran (mit Bakteriochlorophyll a). Grüne Schwefelbakterien besitzen auch Antennensysteme mit weiteren Bakteriochlorophyllen in Form von Membransäckchen, die mit der Cytoplasmamembran an ihrer Innenseite Kontakt haben. Diese Bakterien kommen in anoxischen, Schwefelwasserstoff enthaltenden Gewässerbereichen vor.

Auch die *Schwefelpurpurbakterien* (mit Chlorophyllen und Carotinoiden) produzieren im Unterschied zu Cyanobakterien und Pflanzen keinen Sauerstoff, sondern verwenden anstelle von Wasser Schwefelwasserstoff bzw. Sulfid-Ionen als Elektronendonor für die Reduktion von Kohlenstoffdioxid, dessen Sauerstoff zu Bildung des Sulfats verwendet wird. Eine spezielle Gattung lagert die zunächst entstehenden Schwefelkugeln nicht nur an den äußeren Zellwänden, sondern auch im Zellinneren ab. Eine Reihe von Schwefelpurpurbakterien nutzt Thiosulfat oder Wasserstoff als Elektronendonor für die Photosynthese; einige Arten lieben auch Salzwasser, sie sind halophil und für die auffällig rote Farbe mancher Salz- und Natronseen verantwortlich.

In der Evolution entstanden beim Übergang von der anoxygenen zur oxygenen Photosynthese dann auch die *Cyanobakterien*. Sie setzen, vom Licht abhängig, aus Wasser den Sauerstoff frei. Auf den schon genannten Thylakoiden sitzen Komplexe von Chromoproteiden (farbigen Proteiden mit dem farbgebenden Pigment *Phyocyan*, verwandt mit Gallenfarbstoffen und dem Phytochrom der grünen Pflanzen). Die ersten Cyanobakterien sind im Präkambrium (vor 10^9 Jahren nachweisbar). Dadurch kam es zu Beginn des »Sauerstoff-Zeitalters« zu einem Massensterben in der Welt der Anaerobier; Reste aber blieben im Verlauf von Jahrmillionen in den Sedimenten und Schlämmen bis in unsere Zeit erhalten.

2.2 Zur Chemie und Funktion pflanzlicher Zellbausteine

Den Begriff *cellula* führte 1655 der englische Physiker und Natur-forscher Robert *Hooke* (1635–1703) ein, nachdem er mit einem von ihm verbesserten Mikroskop Korkzellen beobachtet hatte. Bekannt wurde er jedoch eher als Physiker (*Hooke'sches Gesetz* 1678). Unab-hängig von Hooke beschrieb auch der italienische Arzt, Anatom und Physiologe Marcello *Malpighi* (1628–1694) etwa gleichzeitig (oder sogar früher) die pflanzliche Zelle als kleinste Einheit der pflanzli-chen Anatomie. Bereits 1661 entdeckte er den Kapillarkreislauf des Blutes und 1665 die roten Blutkörperchen (Erythrocyten). Er gilt als Begründer der mikroskopischen Anatomie.

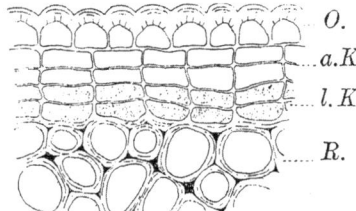

Abb. 4 Bildung des Korkmantels. Quer-schnitt durch die Rinde eines jungen Er-lenzweiges. R. Rindenzellen (Vergröße-rung etwa 250mal) (Aus O. Schmeil, »Leitfaden der Botanik«, 18. Aufl. 1908 – »Bau und Leben des Stammes und der Blüte«.) »Bevor die Oberhaut verloren geht, muß daher eine neue Schutzdecke gebildet werden. Dies geht meist so vor sich, daß sich die Rindenzellen unter der Oberhaut (O.) lebhaft teilen. Indem nun die äußeren dieser Zellen verkorkte Wände erhalten und schließlich abster-ben (a. K.), entsteht ein fast luft- und wasserdichter Mantel abgestorbener »Korkzellen«. Die inneren Zellen dage-gen (l. K.) bleiben lebend: sie ersetzen die Korklage, die fortgesetzt abschilfert, immer wieder...«

Im selben Jahrhundert sind als Entdecker von Mikroorganismen die niederländischen Naturforscher Antony van *Leeuwenhoek* (1632–1723) und Jan *Swammerdam* (1637–1680) zu nennen, die als die gro-ßen Mikroskopiker des 17. Jahrhunderts zahlreiche Beobachtungen im Bereich der Zellen machten. 1837 prägte der böhmische Physiolo-ge Johannes Evangelista Ritter von *Purkinje* (1787–1869), Professor in Breslau und Prag, Begründer der mikroskopischen Anatomie in Deutschland, den Begriff *Protoplasma*. Er verwendete erstmals das Mikrotom zur Anfertigung mikroskopischer Schnitte in Kanadabal-sam. Der Botaniker Matthias Jacob *Schleiden* (1804–1881) und der

Anatom sowie Physiologe Theodor Ambrose Hubert *Schwann* (1810 – 1882) entwickelten eine Zellbildungstheorie und erkannten die *Zelle als Einheit der Organismen* mit dem Zellkern als für die Zellteilung wesentlichem Bestandteil. Schwann (Prof. in Löwen und Lüttich) veröffentlichte 1839 seine »Mikroskopischen Untersuchungen über die Uebereinstimmung in der Struktur und dem Wachstum der Tiere und Pflanzen«. Schleiden (Prof. für Botanik in Jena und Dorpat) veröffentlichte 1838 seine Studien an Angiospermenkeimen. Als Angiospermen oder »Bedecktsamer« werden Samenpflanzen bezeichnet, deren Samenanlagen immer in ein von den Fruchtblättern gebildetes Gehäuse, den Fruchtknoten, eingeschlossen sind.

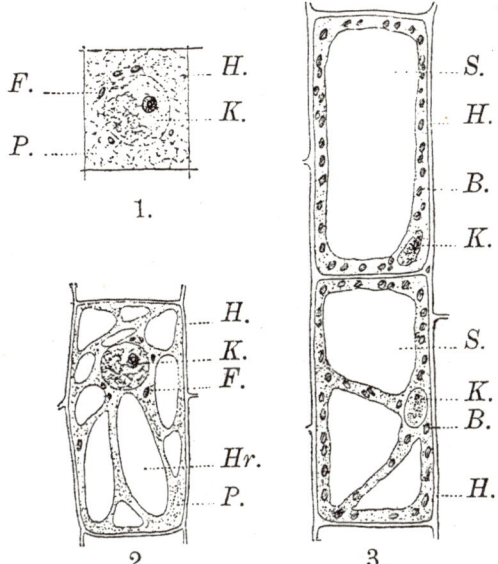

Abb. 5 Zellen verschiedenen Alters. 1. Junge Zelle aus einer wachsenden Wurzelspitze; 2. etwas ältere Zelle; 3. Ausgebildete Zellen aus einem Blatt der Wasserpest. H. Zellhaut; P. Protoplasma; K. Zellkern, F. Farbstoffträger, in die noch kein Farbstoff eingelagert ist; B. Blattgrünkörper (d. s. Farbstoffträger mit Blattgrün); Hr. mit Zellsaft angefüllter Hohlraum; S. Saftraum, der aus der Vereinigung mehrerer Hohlräume entstanden ist. (Stark vergr.) (Aus: Otto Schmeil, »Leitfaden der Botanik«, Leipzig 1908.)

Heute differenzieren wir eine pflanzliche Zelle in Zellwand, Plasmamembran, Vakuole, Cytosol, Mitochondrien, Plastiden und sogenannte Microbodies sowie den Zellkern (Nucleus).

Zellwand

Die pflanzliche *Zellwand* besteht aus mehreren Schichten: der Primärwand aus *Cellulosefibrillen* – sie sind in eine Matrix aus *Protopectin* und *Hemicellulose* eingebettet und über Zellwandproteine miteinander verklebt – und der Sekundärwand vorwiegend aus Cellulose, deren Fibrillen im Unterschied zur Primärwand parallel angeordnet

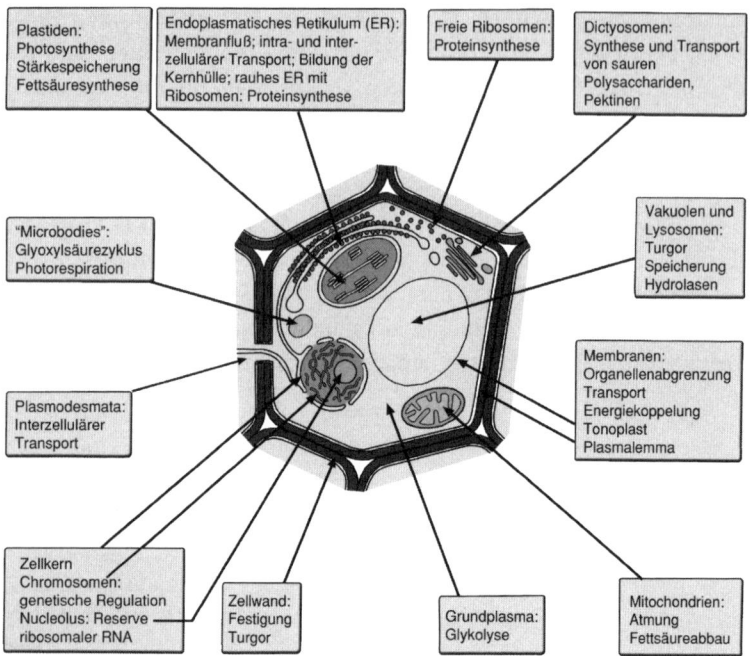

Plastiden:
Photosynthese
Stärkespeicherung
Fettsäuresynthese

Endoplasmatisches Retikulum (ER):
Membranfluß; intra- und inter-
zellulärer Transport; Bildung der
Kernhülle; rauhes ER mit
Ribosomen: Proteinsynthese

Freie Ribosomen:
Proteinsynthese

Dictyosomen:
Synthese und Transport
von sauren
Polysacchariden,
Pektinen

"Microbodies":
Glyoxylsäurezyklus
Photorespiration

Vakuolen und
Lysosomen:
Turgor
Speicherung
Hydrolasen

Plasmodesmata:
Interzellulärer
Transport

Membranen:
Organellenabgrenzung
Transport
Energiekopplung
Tonoplast
Plasmalemma

Zellkern
Chromosomen:
genetische Regulation
Nucleolus: Reserve
ribosomaler RNA

Zellwand:
Festigung
Turgor

Grundplasma:
Glykolyse

Mitochondrien:
Atmung
Fettsäureabbau

Abb. 6   Aufbau einer Pflanzenzelle – Kompartimente
und ihre wichtigsten Funktionen. (Aus: Lüttge/Kluge/
Bauer: »Botanik«, 5. Aufl. 2005 – Abb. 3–1, S. 48.)

sind. Benachbarte Zellen besitzen eine gemeinsame Schicht, die *Mittellamelle* aus Protopectin. Aus chemischer Sicht unterscheiden sich Cellulose, Hemicellulose und Protopectin wie folgt:

Cellulose besteht aus Glucosebausteinen (im Unterschied zur Stärke β-glycosidisch verbunden), wobei zwei Moleküle jeweils einen *Cellobiose*-Baustein bilden. Cellulose ist das bedeutendste Biopolymer. Etwa 500 bis 5000 Glucose-Einheiten sind kettenförmig miteinander verknüpft. Die lineare Versteifung des Makromoleküls ist auf intramolekulare Wasserstoffbrücken zwischen den 3-Hydroxygruppen und den Ring-Sauerstoffatomen benachbarter Glucoseringe zurückzuführen. Sie ist das mengenmäßig verbreitetste Polysaccharid, das eine Bündelstruktur aufweist, je nachdem, wie streng die parallelen »Fadenmoleküle« geordnet sind, mit mehr oder weniger kristallinen Bereichen. In verzweigten amorphen Regionen – Intermicellarräume genannt – können u. a. Pectine und Wasser eingelagert werden. *Hemicellulose*, heute meist *Polyosen* genannt, sind verzweigte (amorphe), heterogene Polysaccharide. In unterschiedlichen Anteilen enthalten sie als Monomere Hexosen (Galactose, Glucose, Mannose), Pentosen (Arabinose, Xylose) sowie Uronsäuren (Galacturonsäure, Glucuronsäure). Die für die Zellwandstruktur wichtigsten Polyosen sind Xylane, Arabane, Mannane und Galactane. Sogenannte Xyloglucane, Hetero-Polysaccharide mit einer Seitenkette am C-6-Atom der Glucoseeinheiten, sind in der Lage, Bindungen sowohl zur Oberfläche der Cellulose-Mikrofibrillen als auch zu einem neutralen Pectin-Molekül auszubilden. *Pectine* sind ebenfalls hochmolekular und bestehen im Wesentlichen aus Ketten von *Galacturonsäure*-Einheiten, unterbrochen von L-Rhamnose-Einheiten, die in 1,2-Position miteinander verknüpft sind. Als weitere Nebenbestandteile finden sich in den schwach sauren Makromolekülen vor allem D-Galactose-, D-Xylose- und L-Arabinose-Einheiten. Die Carboxygruppen können in unterschiedlichem Maße mit Methanol verestert sein. Als *Protopectine* werden die in der Mittellamelle und in der primären Zellwand pflanzlicher Gewebe in weitgehend wasserunlöslicher Form vorkommenden Pectine bezeichnet.

Plasmalemma (Plasmamembran)

Die *Cellulose-Synthese* erfolgt mit Hilfe von *Cellulasesynthase*-Enzymkomplexen. Diese sind in der *Plasmamembran*, heute meist *Plasmalemma* genannt, lokalisiert. Die dafür erforderlichen Glucose-Bausteine – hier als Uridinphosphat-Glucose, UDP-Glucose, wobei UDP als Sammelbezeichnung für Ribonucleotide, hier ein Zuckernucleotid, verwendet wird – werden vom Zellinneren angeliefert. Am Beispiel der Baumwolle wurde diese Synthese besonders gut untersucht: Hier wird die UDP-Glucose in der Membran bereitgestellt. In der Membran befindet sich das Enzym Saccharose-Synthase, das die vom *Cytosol* gelieferte Saccharose in UDP-Glucose umwandelt, welche wiederum direkt auf die Cellulose-Synthase übertragen wird.

Cytosol

Wird der gesamte lebende Inhalt der Zellen als *Protoplasma* bezeichnet, so handelt es sich bei dem sogenannten *Cytosol* um den außerhalb der Membranen von Zellorganellen liegenden Bereich der Protoplasten. Es besteht etwa zu 20 % aus Proteinen, die in Form von Faserproteinen ein dreidimensionales Netzwerk bilden, und aus Enzymen. Man bezeichnet das Cytosol auch als »allgemeines Stoffwechsel-Kompartiment« insbesondere mit der *Glykolyse,* die einen wichtigen Beitrag zum Gesamtstoffwechsel der Zelle liefert. Hier befinden sich auch die *Ribosomen,* submikroskopisch kleine und meist zu sogenannten Polysomen aneinandergereihte Partikel aus RNA (Ribonucleinsäure), für die Protein-Biosynthese.

Vakuolen

Den größten Volumenanteil am Gesamtzellvolumen nimmt die *Vakuole* mit ca. 80 % ein. Sie dient der Aufrechterhaltung des Zellturgors (Turgor = Zellinnendruck). In der Vakuolenflüssigkeit ist eine Vielzahl von Stoffen in Wasser gelöst. Vakuolen speichern einerseits reversibel Produkte und Substrate des Stoffwechsels. Andererseits werden auch für die Pflanzen schädliche Substanzen in den Vakuolen abgelagert, um sie auf diese Weise von dem stoffwechselaktiven Teil des Cytosols fernzuhalten. Man nennt deshalb Vakuolen in dieser Funktion *Exkretionskompartimente.* In den Vakuolen befinden sich auch die *Lyosomen,* kleine bläschenförmige, membranumgebene Vesikel mit *Hydrolasen.* Diese Enzyme können durch Wasseranlagerung Makromoleküle in ihre Bausteine zerlegen.

Chloroplasten

Die *Chloroplasten* sind die Zentren für die *Photosynthese* (s. Abschnitt 2.3), für die Synthese von Stärke und Lipiden. Sie kommen nur in Pflanzenzellen vor, vermehren sich durch Teilung und werden *mütterlich vererbt*: Plastiden einer Pflanze stammen von den Proplastiden in der Eizelle. Plastiden besitzen ein eigenes Chromosom sowie Enzyme für die Genduplikation und die Fettsäure-Synthese (in Verbund mit einem Multienzymkomplex, der Fettsäure-Synthase).

Mitochondrien

In Form stäbchenfömiger, fädiger, manchmal auch verzweigter Organellen stellen *Mitochondrien* die Zentren der Energieversorgung einer Zelle dar. In ihnen erfolgt die *Zellatmung;* sie liefern ATP (Adenosintriphosphat; Einzelheiten s. Abschnitt 2.4). Die Anzahl von Mitochondrien in einer Zelle hängt vom Energiebedarf und folglich von der Funktion der Zelle im Organismus ab. Die Außen- und die Innenmembran der Mitochondrien unterscheiden sich deutlich: Die Außenmembran ist für alle Moleküle bis zu einer molaren Masse von etwa 10 kDa durchlässig, die Innenmembran jedoch können Substanzen nur mit Hilfe substanzspezifischer Carrier durchdringen. Die Innenmembran weist außerdem eine dichte Auflage von Proteinpartikeln auf, die an einem die Membran durchdringenden Protein, der ATP-Synthase, sitzen.

Golgi-Apparat(-Vesikel)/Dictyosomen

Der Name stammt von dem italienischen Anatom und Histologen Camillo *Golgi* (1844–1926, Professor in Siena, Turin und ab 1877 in Pavia), der 1898 an bestimmten Nervensträngen einen »apparato reticulare interno« beobachtet hatte. Später fand man diesen »Apparat« auch in Pflanzenzellen, aber erst mithilfe der Elektronenmikroskopie konnte man die Kompartimente einer Zelle, die Zellorganellen, näher erforschen. Heute bezeichnet man dieses Netzwerk als *Dictyosomen*. Sie spielen bei der Bildung der Mittellamelle und auch der Primärwand einer Pflanzenzelle eine wichtige Rolle. In ihnen werden Polysaccharide der Zellwand (außer Cellulose, s. o.) synthetisiert, Proteine modifiziert, Glykolipide auf- und umgebaut und auch andere Bausteine von Biomembranen synthetisiert. Schleimstoffe, die von manchen pflanzlichen Drüsen (wie den Tentakeln insekten»fressender« Pflanzen) abgegeben werden, entstehen ebenfalls in Dictyosomen.

Endoplasmatisches Reticulum (ER)

Im Elektronenmikroskop erscheint ein Labyrinth, das die ganze Zelle durchzieht – es wird *endoplasmatisches Reticulum* (ER) genannt. Zusammen mit dem Golgi-Apparat bildet es ein Netzwerk zur Verteilung von Biosyntheseprodukten. Das ER eignet sich als Speicherort für genetisch erzeugte Proteine. Hans Joachim *Bogen* (s. Vorwort) schrieb eines der ersten populärwissenschaftlichen Bücher zur »modernen Biologie« (1967). Darin berichtete er zum Stand der Forschung, das ER sei ziemlich flexibel, es werde ständig umgebaut und umgeordnet, die Zisternen des ER hätten Transportfunktionen. Es war zu dieser Zeit aber noch nicht gelungen, Einzelheiten über die Funktionen des ER aufzuklären, weil das ER nicht schonend isoliert werden konnte.

Microbodies (Peroxisomen)

In kleinen kugelförmigen Organellen, die von einer Membran umgeben sind, *Microbodies* oder *Peroxisomen* genannt, finden Reaktionen statt, bei denen toxische Zwischenprodukte entstehen. Sie enthalten Enzyme wie die Katalase, welche die Reaktionen von Substanzen unter Bildung von Wasserstoffperoxid katalysiert.

Zellkern

Das Genom der Zelle ist im *Zellkern* enthalten. Er wird von einer Kernhülle begrenzt, die aus den beiden Membranen des ER besteht. Die Kernhülle weist Kernporen auf. Unter *Genom* (s. Abschnitt 4.3) versteht man die Gesamtheit aller Gene und genetischen Signalstrukturen – das Genom enthält die Gesamtheit an DNA einer Zelle. Das sogenannte Chromatin im Kern besteht aus DNA-Doppelsträngen, stabilisiert durch Bindung an basische Proteine (Histone). Durch Transkription der DNA wird *messenger-RNA* gebildet, die durch die Kernporen zu den Ribosomen im Cytosol gelangt, wo die Proteinbiosynthesen stattfinden (s. o.).

Diese zahlreichen Kompartimente bzw. Zellorganellen konnten erst näher untersucht werden nach bahnbrechenden Erfindungen wie der *Phasenkontrastmikrospkopie* 1936 durch den niederländischen Physiker Frits *Zernike* (1888–1966, Prof. in Groningen), vor allem auch der *Elektronenmikroskopie* 1931 durch Ernst August Friedrich *Ruska* (1906–1988, Physiker, Nobelpreis 1986, Prof. in Berlin) sowie der *Zellfraktionierung* und *differenziellen Zentrifugation* 1940–1943 durch A. *Claude* (1899–1983, belgischer Mediziner und Biochemiker), Ch. R. *Duve* (geb. 1917, entdeckte Lyosomen und Peroxisomen) und G. E. *Palade* (geb. 1912, Nobelpreis für alle drei Wissenschaftler 1974). Einen Meilenstein bildete 1953 die Beschreibung der DNA-Doppelhelix durch J. D. *Watson* und F. H. C. *Crick* (s. Abschnitt 4.3).

2.3 Ohne Photosynthese kein Leben auf der Erde

Das 18. Jahrhundert war das Jahrhundert der Gaschemie. 1766 erkannte Henry *Cavendish* (1731–1810) das Element *Wasserstoff*, der bereits 1661 von Robert *Boyle* (1627–1691) bei der Einwirkung von Säuren auf Metalle als »brennbare Luft« erhalten worden war. 1772 stellte der Arzt Daniel *Rutherford* (1749–1819) fest, dass Lebewesen (und brennender Phosphor) einen Teil der Luft verbrauchen und ein Rest, der *Stickstoff*, übrig bleibt. 1774 entdecken Carl Wilhelm *Scheele* (1742–1786) und Joseph *Priestley* (1733–1804) unabhängig voneinander den *Sauerstoff*. Kohlenstoffdioxid, bereits von Johannes Baptist *van Helmont* (1577–1644) als »Gas sylvestris« beschrieben, wurde im 18. Jahrhundert als »fixe Luft« bezeichnet. Antoine Laurent *Lavoisier* (1743–1794) ermittelte 1776 auch die Zusammensetzung des Kohlenstoffdioxids. Als erste historisch bedeutende Beobachtung zur Photosynthese wird häufig das Experiment von van Helmont genannt, der eine Weide über fünf Jahre in einem Gefäß nur mit Wasser versorgte und feststellte, dass sie danach über 200 kg an Masse zugenommen, die Erde im Topf aber nur um wenige Gramm abgenommen hatte. Stephen *Hales* (1677–1761), der zu den Mitbegründern der Pflanzenphysiologie zählt, registrierte, dass Luft und Licht für die Ernährung grüner Pflanzen erforderlich sind.

Es war vor allem Joseph *Priestley*, der sich intensiv mit der Chemie der Gase beschäftigte. Priestley wurde als Sohn eines Tuchmachers bei Leeds geboren, und studierte nach einer kaufmännischen Lehre 1752–1755 Theologie, Philosophie und Naturwissenschaften an der Akademie in Daventry. Er führte ein wechselvolles Leben als Sprachlehrer und Prediger. In Leeds beschäftigte er sich intensiv mit Gasuntersuchungen, u. a. mit wasserlöslichen Gasen wie Schwefeldioxid, Kohlenstoffdioxid, Chlorwasserstoff und Ammoniak, die er in einer pneumatischen Wanne mit Quecksilber als Sperrflüssigkeit auffing. 1774–1786 fasste er die Ergebnisse seiner Experimente in sechs Bänden unter dem Titel »Experiments und Observations in Different Kinds of Air« zusammen. 1796 erschien sein Werk »Experiments and Observations Relating to the Analysis of Atmospherical Air«. Im Rahmen dieses Forschungsprogramms, so würden wir es zu recht heute nennen, beschäftigte Priestley sich auch mit der Wirkung von »fixer Luft« auf Pflanzen. Dabei entdeckte er, dass Pflanzen wie die Pfefferminze, die auch im Wasser wuchsen, unter Sonneneinwirkung (und nur dann) »dephlogistierte Luft« (= Sauerstoff) abgaben. Über seine Entdeckung ist zu lesen (in Übersetzung):

»...am 17. August 1771 brachte ich einen Minzezweig in eine Luftmenge, in der eine Wachskerze erloschen war, und fand, dass am 27. desselben Monats eine neue Kerze gut darin brannte...«

Daraufhin setzte Priestley auch Mäuse zusammen mit einer grünen Pflanze in ein geschlossenes Gefäß, wo sie infolge der Freisetzung von Sauerstoff nach der Aufnahme des von ihnen ausgeatmeten Kohlenstoffdioxids überleben konnten.

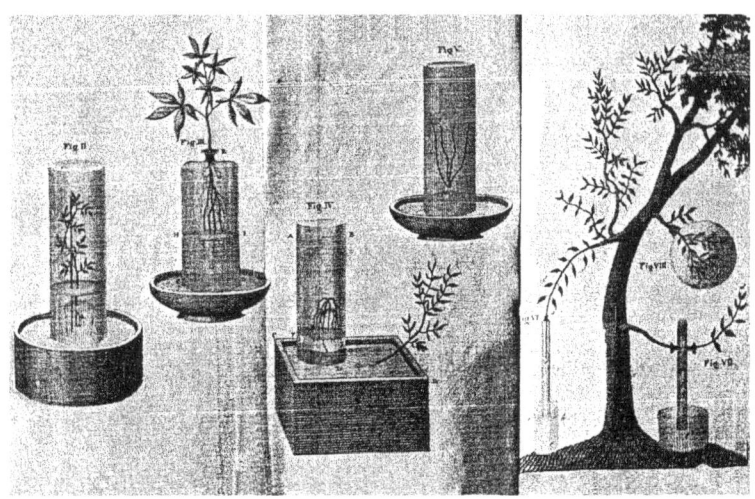

Abb. 7 Versuchsanordnungen von Joseph Priestley zur Atmung der Pflanzen. (Aus dem historischen Original: »Experiments and Observations«, London 1796.)

Ein weiterer Meilenstein zur Photosynthese stammt von dem niederländischen Arzt und Botaniker Jan *Ingenhousz* (1730–1799). 1779 stellte er fest, dass grüne Pflanzenteile unter Lichteinwirkung am Tag Sauerstoff abgeben, im Dunkeln dagegen Kohlenstoffdioxid. Nichtgrüne Pflanzen aber gaben in beiden Fällen nur Kohlenstoffdioxid ab. Ingenhousz entdeckte damit die Assimilation (Photosynthese) und die Dissimilation (Atmung). In deutscher Sprache erschienen die Ergebnisse seiner Experimente unter dem Titel »Versuche mit Pflanzen« (engl. »Experiments Upon Vegetables. Discovering their Great Power of Purifying the Common Air«).

1783 zeigte der schweizerische Naturforscher Jean *Senebier* (1742–1809) im Rahmen seiner Arbeiten über den Einfluss des Sonnenlichts auf Pflanzen ebenfalls, dass bei der Photosynthese Kohlenstoffdioxid verbraucht wird. Er entwickelte daraus die ersten Grundlagen für eine *Theorie von der Photosynthese der Pflanzen*. Dass sich bei der Photosynthese infolge der Aufnahme von Kohlenstoffdioxid der Kohlenstoffgehalt der Pflanze erhöht, berichtete 1804 der schweizerische Botaniker Nicolas Théodore de *Saussure* (1767–1845). Er führte vor allem quantitative Messungen der Kohlenstoffdioxid-Assimilation durch und entwickelte eine Stöchiometrie, d. h. eine Bilanzierung des photosynthetischen Gasaustausches. Als Produkt der Aufnahme

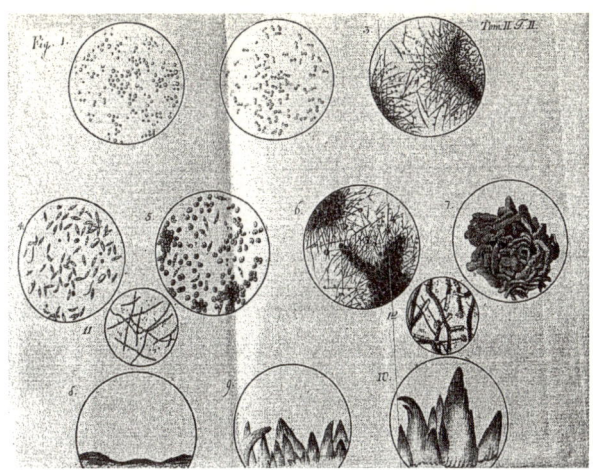

Abb. 8 Mikroskopische Darstellung von Algen (aus dem historischen Werk: Jan Ingenhousz, »Gesammelte Werke« 1786). Algen in unterschiedlicher Vergrößerung. Nach der Bestrahlung mit Tageslicht erhielt Ingenhousz Sauerstoff.

von Kohlenstoffdioxid und Wasser erkannte aber erst 1862 der deutsche Botaniker und Pflanzenphysiologe Julius *Sachs* (1832–1897), Gründer des Pflanzenphysiologischen Instituts in Würzburg, die Stärke. Er formulierte auch die erste allgemeine Summengleichung der Photosynthese:

$$6\ H_2O + 6\ CO_2 \leftrightarrows (Chlorophyll)\ C_6H_{12}O_6\ (Glucose) + 6\ O_2$$

1882 und 1894 konnte dann der deutsche Botaniker T. W. *Engelmann* (1843–1909) zeigen, dass die Sauerstofferzeugung durch Pflanzen an deren Chloroplasten gebunden ist.

Der bekannte Physikochemiker Svante *Arrhenius* schrieb in seinem populärwissenschaftlichen Buch »Die Chemie und das moderne Leben« (erschienen 1922) auch über die Photosynthese – über den

»wichtigsten Vorgang in der Natur, bei welchem Zucker und andere Kohlenhydrate in den grünen Pflanzenteilen aus der Kohlensäure der Luft und dem aus dem Boden aufgenommenen Wasser unter Vermittlung des Katalysators Chlorophyll (Blattgrün) erzeugt werden. In diesem Falle wird eine große Menge Energie verbraucht und die Umsetzung erfolgt nur im Licht, Sonnenlicht, aber auch im elektrischen Licht, das zuweilen in Gewächshäusern angewandt wird. Diese Lichtreaktion ist schon von *Priestley* untersucht worden und hat nachher die Aufmerksamkeit vieler hervorragender Forscher auf sich gezogen. *Baeyer* nahm an, daß aus Kohlensäure (CO_2) und Wasser (H_2O) zunächst Sauerstoff (O_2) abgespalten würde und Formaldehyd (HCOH) sich bilde, der nachher zu Glukose polymerisiert würde ($C_6H_{12}O_6$) oder auch zu anderen Zuckerarten oder Zellulose, wobei, wie im letzteren Falle, zuweilen Wasser abgeschieden würde ...«

Adolf von *Baeyer* (1835–1917) war Nachfolger Liebigs an der Universität München (ab 1875) und erhielt 1905 den Nobelpreis für Chemie.

Bereits 1908 hatte der ebenso als Botaniker bekannte Otto *Schmeil* (1860–1943), Reformator des Biologieunterrichts in Deutschland, in seinem »Leitfaden der Botanik« (18. Auflage) Folgendes aus seiner Sicht geschrieben. Im Kapitel »Vom Bau und Leben der Pflanze« berichtet Schmeil zunächst über den Aufbau der Pflanzenzelle u. a.:

»Wie die mikroskopische Betrachtung lebender Zellen zeigt, ist das Protoplasma eine zähflüssige, feingekörnelte Masse, die sich in der Regel an einer Stelle zu einem rundlichen Gebilde, dem Zellkerne, verdichtet. Daneben befinden sich noch kleinere Protoplasmaballen, die entweder einen Farbstoff enthalten, oder doch einen solchen bilden können. Sie werden daher als Farbstoffträger bezeichnet.« *[heute Chloroplasten genannt]*

Die *Farbstoffträger* beschreibt er wie folgt:

»Die *Farbstoffträger* sind z. B. im Blatte der Wasserpest lebhaft grün gefärbt und in so großer Zahl vorhanden, daß das an sich farblose Blatt dem unbewaffneten Auge grün erscheint. Dasselbe gilt für alle anderen grünen Pflanzenteile. Da sich die Körperchen in Blättern besonders zahlreich finden, bezeichnet man den Farbstoff, dem sie ihr Grün verdanken, als *Blattgrün* oder *Chlorophyll* und sie selbst als *Blattgrün-* oder *Chlorophyllkörper*...«

Dann stellt er das »Blatt als Werkzeug der Aneignung oder Assimilation der Nährstoffe« vor und wählt für Experimente die Maispflanze in einer Nährlösung (mit Nährsalzen: Calciumnitrat, Kaliumchlorid, Magnesiumsulfat, Kaliumhydrogenphosphat und als Spurenelement Eisen als Eisenchlorid).

»Die Assimilation des Kohlenstoffes. a) Der Körper aller Pflanzen, also auch der unserer Versuchspflanze, enthält, wie wir gesehen haben, Kohlenstoff. Von ihm war aber in der Nährlösung auch nicht eine Spur vorhanden. Da die Maispflanze außer mit dieser Flüssigkeit nur noch

mit der atmosphärischen Luft in Berührung gekommen ist, kann sie
den Kohlenstoff auch nur der Luft entzogen haben.«

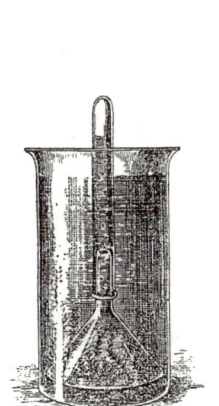 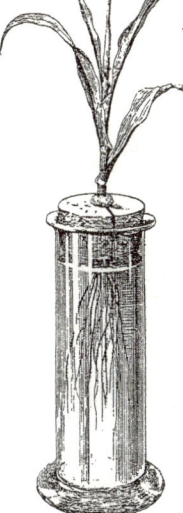 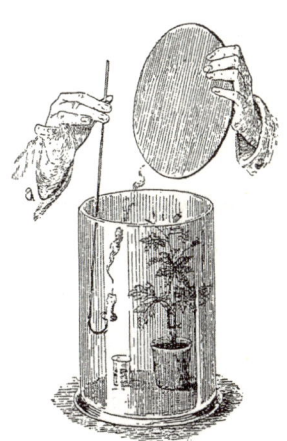

Sauerstoffausschei-　　　Maispflanze,　　　Vorrichtung, die Atmung der
dung durch Zweige der　in einer Nährlösung　Pflanzen nachzuweisen.
　　Wasserpest.　　　　　wachsend.

Abb. 9 Versuchsanordnungen zur Atmung der
Pflanzen. (Aus: Otto Schmeil, »Leitfaden der Botanik«,
Leipzig 1908.)

Im Experiment mit der Wasserpest weist Schmeil dann mit Hilfe
eines glimmenden Spanes nach, dass *das von den Pflanzen ausgeschie-
dene Gas nichts anderes als Sauerstoff* sei. Und sein Fazit lautet:

»Nur grüne Pflanzen und Pflanzenteile assimilieren und die Assimilation erfolgt nur im Lichte«.

Zur *Durchlüftung der assimilierenden Pflanzenteile* schreibt Schmeil,
dass die Oberhaut der grünen Pflanzenteile zu diesem Zwecke zahlreiche kleine Öffnungen besitze, die zwischen zwei halbmondför-
migen Zellen, den sogenannten *Schließzellen*, liegen und nach ihrer
Form *Spaltöffnungen* (auf der Blattunterseite) genannt werden. Abschließend zeigt Schmeil die Stärkekörnchen als Produkte der Assimilation des Kohlenstoffs in den Blattgrünkörpern, den Chloroplasten.

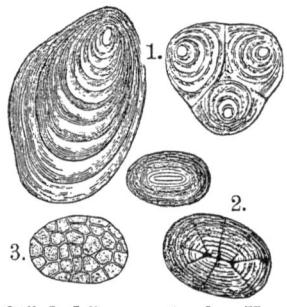
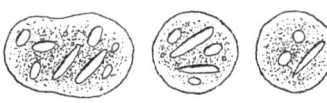

Stärkekörner: 1. der Kartoffel, 2. der Bohne und 3. des Hafers. (Vergr. etwa 275 mal.)

Blattgrünkörper aus einem Moosblatte mit Stärkekörnchen. (Sehr stark vergrößert.)

Abb. 10 Stärkekörner und Blattgrünkörper (Chloroplasten). (Aus: O. Schmeil, »Leitfaden der Botanik«, Leipzig 1908.)

Mit der Isolierung und Analyse des Chlorophylls 1913 durch Richard *Willstätter* (1872–1942) und Mitarbeiter wie Arthur *Stoll* (1887–1971, später Chemische Fabrik Basel, heute Novartis, 1949–1956 Direktionspräsident) in Zürich und München erfolgte der nächste entscheidende Schritt der Entwicklung unserer Kenntnisse über die Photosynthese. Willstätter erhielt für »seine Pionierarbeiten über Pflanzenfarbstoffe, besonders Chlorophyll« bereits 1915 den Nobelpreis für Chemie. Bis 1918 führte er weitere grundlegende Arbeiten zur Photosynthese durch. Mit diesem Meilenstein endet die Vorgeschichte der Photosynthese – alle weiteren Forschungen beschäftigen sich intensiv mit den Mechanismen.

Die Hauptarten der Chlorophylle, Chlorophyll a (blaugrün) und Chlorophyll b (gelbgrün), lassen sich chromatographisch gut voneinander trennen. Mit ihrer Trennung (1901) durch den Botaniker Michail *Tswett* (1872–1919) begann die Geschichte der Chromatographie. Chlorophyll a kommt im Blattgrün im Allgemeinen dreimal häufiger als das Chlorophyll b vor. Beide Chlorophylle befinden sich in den Chloroplasten in Form gleichmäßig geschichteter Membranstapel. Für die assimilierenden Pflanzenzellen ist vor allem das blaugrüne Chlorophyll a charakteristisch. Es unterscheidet sich von dem gelbgrünen Chlorophyll b nur durch eine chemische Gruppe: Eine Methylgruppe ist durch eine Aldehydgruppe ersetzt. Für die Photosynthese stellen die Chlorophylle, die mit mehreren verschiedenen Proteinen assoziiert sein können, wichtige *Redoxsysteme* dar. Im Zentrum der cyclischen Tetrapyrrole befindet sich ein Magnesium-Ion. Durch die Zufuhr von Lichtenergie können Chlorophylle ionisiert werden, indem sie aus dem organischen Teil ein Elektron pro Molekül abgeben. Chlorophyll b entsteht durch die Oxidation von Chloropyhll a (Oxidation der Methylgruppe). Die Fettlöslichkeit der Chlorophylle ist auf den Substituenten am Tetrapyrrol (Ring aus 4 Pyrrolen, auch als Porphyrin bezeichnet), einen Phytolrest (sekundärer Alkohol mit Diterpencharakter – hydrophob) zurückzuführen. Durch ihn ist auch eine Verankerung der Chlorophylle in den lipophilen Bereichen von Trägerproteinen möglich. Chlorophyll a – das zentrale Photosynthesepigment – absorbiert nur bis in den Bereich von 450 nm sowie zwischen 600 und 700 nm Licht, während das grüne Licht zwischen 480 und 550 nm (aus dem weißen Sonnenlicht) reflektiert wird. Man spricht deshalb von einer *Grünlücke*, von der ein Teil (bis etwa 500 nm) durch das Chlorophyll b gefüllt wird. Chlorophyll b kann die absorbierte Lichtenergie wirksam auf das Chlorophyll a übertragen. Heute wissen wir, dass sich die Chlorophylle während der Evolution nur wenig verändert haben. Eine bessere spektrale Ausnutzung bewirken die *Xanthophylle* (Carotinoide wie das Lutein), die zugleich eine weitere, noch wichtigere Funktion haben: Sie schützen vor energiereichem UV-Licht, das zur Ausbildung des schädlichen Triplett-Anregungszustandes des Chlorophylls führen würde.

Chlorophylle und Xanthophylle (Chromophore) wirken als *Antennen* für Photonen (die Quanten der Strahlungsenergie). Im angeregten Zustand können sie, die räumlich dicht beieinanderliegen, die Energie weitergeben. Ein Quant Anregungsenergie, das von Molekül zu Molekül wandern kann, wird als *Exciton* bezeichnet.

Bis zum Ende der 1920er Jahre galt eine Theorie von Otto *Warburg* (1883–1970; Nobelpreis 1931): Die Energie des absorbierten Lichtes werde direkt auf das Kohlenstoffdioxid übertragen, wodurch das so angeregte Kohlenstoffdioxid mit Wasser unter Freisetzung von Sauerstoff zu einem Kohlenhydrat reagieren könne. Somit postulierte Warburg, der von grünen Pflanzen abgegebene Sauerstoff stamme direkt aus dem Kohlenstoffdioxid. Der Niederländer Cornelis van *Niel* (1897–1985; Mikrobiologe) dagegen war der Meinung, dass zunächst ein *Reduktionsmittel* (s.o.) gebildet würde, das dann in einer anschließender Reaktion mit dem Kohlenstoffdioxid reagiere. Er formulierte:

$$CO_2 + 2\ H_2A + (+\ Licht) \rightarrow [CH_2O - \text{für Kohlenhydrat}] + H_2O + 2\ A$$

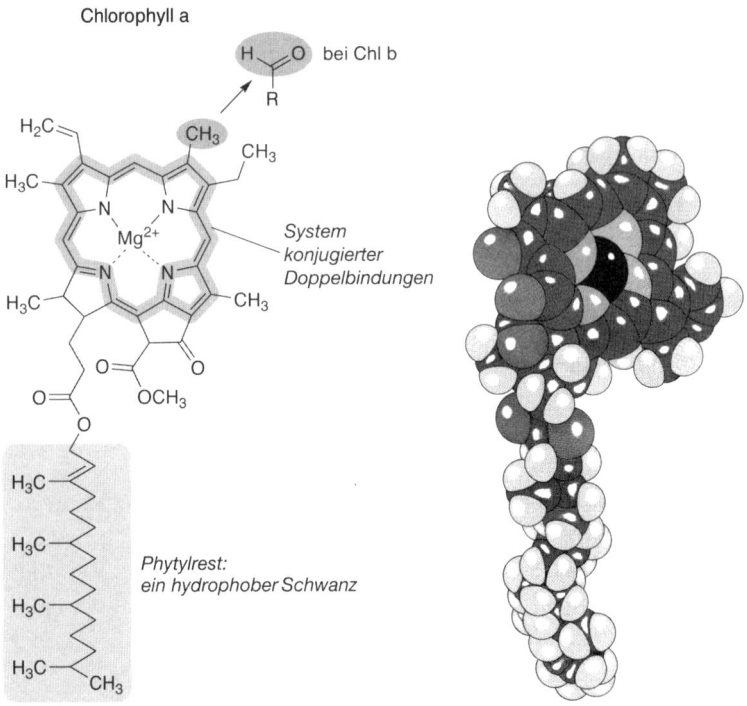

Chlorophyll a

bei Chl b

System
konjugierter
Doppelbindungen

Phytylrest:
ein hydrophober Schwanz

Abb. 11 Struktur der Chlorophylle. (Aus: Lüttge/Kluge/
Bauer: »Botanik«, 5. Aufl. 2005 – Abb. 8–2, S. 122.)

Als Grundreaktion der Photosynthese gab er die Spaltung einer Substanz H_2A in eine reduzierende (2H) und eine oxidierende Komponente (A) an, und der freigesetzte Sauerstoff stammt somit (wie für die oxygene Photosynthese von Cyanobakterien auch nachgewiesen) aus dem Wasser.

1937 beobachtete Robert *Hill* (1899–1991), britischer Biochemiker in Cambridge, dass von ihm erstmals (jedoch ohne intakte Hüllmembran) isolierte Chloroplasten Eisen(II)-Verbindungen aus Eisen(III)-oxalat oder Kaliumhexacyanoferrat(III) (rotes Blutlaugensalz) bildeten, wobei gleichzeitig Sauerstoff entstand (A als Elektronenakzeptor ist hier das Eisen(III)-Ion). Die heute so genannte *Hill-Reaktion* zeigt, dass Sauerstoff ohne gleichzeitige Reduktion von Kohlenstoffdioxid, also aus dem Wasser entsteht (durch eine photolytische Spaltung, hier mit einer vorgeschalteten Reduktion von Eisen(III)-Ionen).

Diese nun experimentell nachgewiesene Herkunft des von grünen Pflanzen »ausgeatmeten« Sauerstoffs aus dem Wasser vermutete schon 1842 der Naturforscher Matthias Jacob *Schleiden* (1804–1881; 1939 Professor für Botanik in Jena, ab 1863 in Dorpat). In seinen »Grundzügen der wissenschaftlichen Botanik« (1842–1843) schrieb er:

> »Nun weiß man aber, daß CO_2 eine der allerfestesten Verbindungen ist, deren Zersetzung in der Chemie auf keinem Wege gelingt, dagegen ist bekannt, dass H_2O eine gar leicht zersetzbare Verbindung ist ... und so erscheint es wahrscheinlich, daß sich mit 12 CO_2 die 24 H_2 von 24 H_2O verbinden ...«

Für die photosynthetische Wasserspaltung durch Grünalgen wurde ein Quantenbedarf (absorbierte Photonen je gebildetem Sauerstoffmolekül) von 8 ermittelt. Untersuchungen zur Abhängigkeit der Quantenausbeute (gebildete Sauerstoffmoleküle je absorbiertem Photon, Reziprok des Quantenbedarfs) von der Wellenlänge des eingestrahlten Lichts zeigte, dass oberhalb von 680 nm die Quantenausbeute steil abfällt, obwohl Chlorophylle in diesem Bereich Licht absorbieren können – ein Effekt, den man als *red drop* bezeichnete. 1957 beobachteten der Amerikaner Robert *Emerson* und Mitarbeiter, dass bei einer zusätzlichen Bestrahlung bei 650 nm (hellrot) die Quantenausbeute höher ist als die Summe der Ausbeuten bei separater Bestrahlung. Aus diesem *Emerson-Effekt* schlossen 1960 Robert *Hill* und Fay *Bendall*, dass bei der Photosynthese *zwei Photosysteme in Serie* geschaltet sind – sie sind durch eine Elektronentransportkette mit zwei verschiedenen Cytochromen verbunden. Das Photosystem I hat sein Wirkungsoptimum bei 700 nm, das Photosystem II bei 680 nm. Im Photosystem I wird mithilfe eines starken *Reduktionsmittels* die Reduktion von NADP, im Photosystem II die Oxidation des Wassers bewirkt.

Vereinfacht lassen sich die beiden Photosysteme der *Lichtreaktion* wie folgt näher beschreiben:

Orte der Lichtreaktion sind mehrere Proteinkomplexe (»Antennenproteine«), in Membransysteme *(Thylakoide)* der Chloroplasten eingelagert. Wird ein Lichtquant in einem Chlorophyll- oder Carotinoid-Molekül des *Photosystems II* absorbiert, wird seine Energie zu einem zentralen Chlorophyll (P 680) geleitet, wo sie ein Elektron anregt, das an einen ersten Akzeptor, ein Phaeophytin (Chlorophyll-Molekül ohne Magnesium), abgegeben wird. Dabei entsteht eine Elektronenlücke, die durch ein bei der Wasserspaltung frei werdendes Elektron gefüllt wird. Dies geschieht über einen Tyrosinrest des wasserstoffspaltenden Proteins, in dem Manganatome in einem Zyklus mehrfach reduziert werden müssen, bis schließlich Wasserstoff und Sauerstoff freigesetzt worden sind. Insgesamt wird das energiereiche Elektron vom Phaeophytin in einer Folge von Redoxreaktionen – über drei verschiedene Chinone, ein Eisen-Schwefel-Protein, Cytochrom und ein Kupferprotein – weitergeleitet und füllt schließlich die Lücke im zentralen Chlorophyll des *Photosystems I* (P 700). Das Photosystem I ist durch seine Elektronentransferketten charakterisiert. Das genannte Elektron reduziert zunächst ein weiteres Chlorophyll-Molekül und wird anschließend über Vitamin K (Menachinon) und vier Eisen-Schwefel-Proteine zum $NADP^+$ weitergeleitet, wo es durch zwei energiereiche Elektronen und zwei Protonen zum $NADPH + H^+$ reduziert wird. Durch den gleichzeitigen Protonentransport über die Thylakoidmembran entsteht ein Protonengradient, der zur ATP-Bildung genutzt wird. Dieses System entspricht der chemiosmotischen Theorie von Mitchell. Summa summarum werden bei der Bildung eines Moleküls *Sauerstoff* vier Elektronen freigesetzt ($2\,H_2O \rightarrow O_2 + 4\,H^+ + 4\,e^-$), zum Transport jedes Elektrons werden zwei Lichtquanten benötigt, also acht Lichtquanten für jedes Sauerstoffmolekül.

Die *Dunkelreaktion* (Hill) ist zwar in der Regel mit der beschriebenen Lichtreaktion gekoppelt, kann aber auch davon getrennt ablaufen. Im Cytoplasma des Chloroplasten befinden sich Enzyme, die Kohlenstoffdioxid an einen phosphorylierten Pentosezucker binden. Es entsteht eine instabile Hexose, die in zwei C_3-Carbonsäuren zerfällt; diese werden wiederum mit Hilfe von ATP und $NADPH + H^+$ reduziert und dann zum Aufbau von Glucose und dem ursprünglichen Pentosezucker verwendet werden. Der komplexe Reaktionszyklus wird als *Calvin-Zyklus* bezeichnet.

Der amerikanische Chemiker Melvin *Calvin* (1911–1997) war im Zweiten Weltkrieg Mitarbeiter des »Manhattan Project« (Bau der Atombombe), leitete ab 1946 eine Gruppe für bioorganische Chemie am Lawrence Radiation Laboratory und wurde 1947 Professor in Berkeley. In den 1950er Jahren untersuchte er die Vorgänge der Photosynthese an der einzelligen Grünalge *Chlorella* mit Hilfe von C14-Markierungen (Tracermethoden) und der Papierchromatographie. Er konnte einen Teil des chemischen Verlaufs dieser komplexen Vorgänge aufklären, die Zwischenprodukte identifizieren und fand Ribulo-

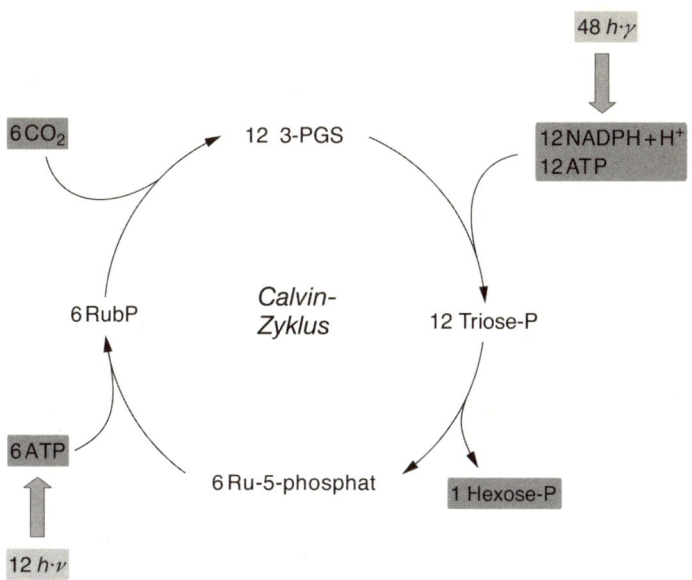

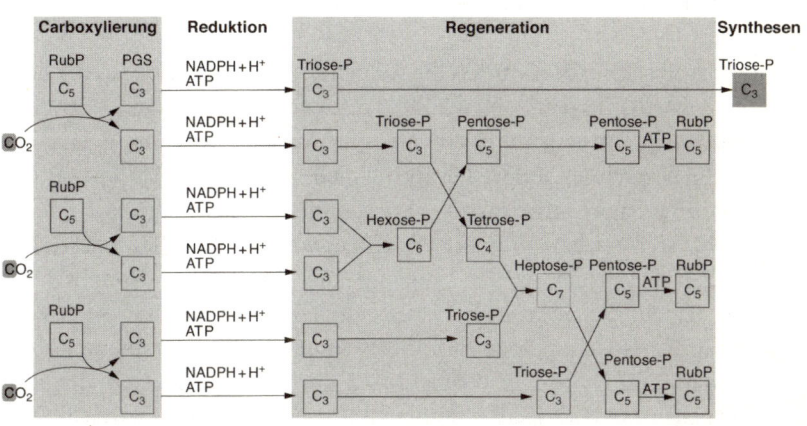

Abb. 12 Photosynthese – Calvin-Zyklus. (Aus: Lüttge/Kluge/Bauer, »Botanik«, 5. Aufl. 2005 – Abb. 8-14, S. 141.) »Das Schema des CALVIN-Zyklus. Oben ist die Bilanz bei der Fixierung von 6 CO_2-Molekülen und damit der Herstellung eines Hexosemoleküls gezeigt. Die Darstellung unten erläutert die einzelnen Phasen des CALVIN-Zyklus. Die Zahlen am Kohlenstoff bezeichnen die Kettenlängen der als Zwischenprodukte auftretenden Zuckermoleküle.«

se-1,5-diphosphat als Primärprodukt der Kohlenstoffdioxid-Fixierung. Nach papierchromatographischen Trennungen legte er seine Chromatogramme auf Röntgenfilme (Schwärzung) und konnte so zwölf verschiedene Substanzen auch identifizieren. 1961 erhielt er für seine Forschungen zur Photosynthese den Chemie-Nobelpreis.

Fasst man die komplexen Vorgänge der Photosynthese nach O.-A. *Neumüller* zusammen, so handelt es sich um ein System aus zwei gekoppelten Lichtreaktionen und einer Dunkelreaktionskette – Redoxprozesse, Elektronen- und Protonentransfer-Vorgänge und Energieübertragung im System ATP/ADP (Photophosphorylierung). In den sogenannten C_3-Pflanzen spielt das Schlüsselenzym Ribulose-1,5-biphosphat-carboxylase (RUBISCO) eine entscheidende Rolle, das aus Phosphoglycerat-Resten, dem nach kurzer Belichtung der Grünalgen von Calvin als erstes und einziges Reaktionsprodukt von radioaktiv markiertem Kohlenstoffdioxid ermittelten Molekül, C_6-Kohlenhydrate (Glucose) synthetisiert.

2.4 Kraftwerke der Zellen: die Mitochondrien

In Abschnitt 2.2 wurden die Mitochondrien als Zellbausteine kurz vorgestellt. Sie versorgen die Zelle mit *Energie* in Form von ATP (Adenosintriphosphat). Der ATP liefernde Vorgang wird als *Atmung* der Zelle bezeichnet und besteht prinzipiell darin, Wasserstoff mit molekularem Sauerstoff zu Wasser zu oxidieren, wobei ein großer Teil der dabei frei werdenden Energie in Form von ATP aufgefangen wird.

Zur Beschreibung der Vorgänge im Einzelnen müssen wir zunächst auf die *Glykolyse* im *Cytosol* eingehen, bei der Glucose in zwei charakteristischen Phasen in das Endprodukt Brenztraubensäure umgewandelt wird. Zunächst wird der Glucose-Baustein in zwei Bruchstücke aus je drei Kohlenstoffatomen gespalten. In *Phase 1* (ausgehend von der Stärke als Reservekohlenhydrat) wird mithilfe von ATP und entsprechenden Enzymen Glucose phosphoryliert. Über Glucose-1-phosphat (im Folgenden P für –phosphat), Glucose-6-P, Fructose-6-P und schließlich Fructose-1,6-bis-P erfolgt dann die Spaltung in Glycerinaldehyd-3-P und Dihydroxyaceton-P. Damit ist die erste Phase der Glykolyse beendet, ohne dass hierbei schon Energie gewonnen wurde; stattdessen wurden zwei Moleküle ATP benötigt, also musste Energie investiert werden. In *Phase 2* spielt das Coenzym *NAD⁺* eine entscheidende Rolle. NAD^+ ist das Nicotinamid-adenin-dinucleotid, das bei einer Vielzahl von biologischen Redoxvorgängen für den Transport von Wasserstoff zu (oder von) Substraten sorgt und dabei in den reduzierten Zustand NADH übergeht. Für diese Wasserstoffübertragung gilt folgende Gleichung:

$$NAD^+ + Substrat\text{-}H_2 + H_2O \leftrightharpoons NADH + H_3O^+ + Substrat$$

Vereinfacht lässt sich der komplexe Vorgang der Phase 2 wie folgt beschreiben: Dem Glycerin-3-P aus Phase 1 wird als Substrat Wasserstoff entzogen, auf NAD^+ übertragen, wobei Phosphat mitwirkt; am Ende sind aus ADP das ATP und die Brenztraubensäure entstanden (s. Abb. 13).

Wichtig unter Vernachlässigung der Beschreibung von Einzelschritten ist die *Energiebilanz*. In der Glucose ist Energie gespeichert (etwa 2870 kJ/mol). Der Energieinhalt von ATP wird mit 33,5 kJ/mol angegeben. Da am Ende der Glykolyse zwei Mol ATP pro Mol Glucose entstanden sind, wurden nur 67 kJ/mol, d.h. nur 2,3 % der in der Glucose gespeicherten Energie gewonnen. Die Brenztraubensäure (die Salze sind die »Pyruvate«) stellt somit noch ein erhebliches *Energiereservoir* dar.

Der weitere Abbau der Brenztraubensäure, die vollständige Oxidation bis zum Kohlenstoffdioxid, findet nun in den Mitochondrien als *Atmung* statt. Für den Transport des Pyruvats aus dem Cytosol in die Mitochondrien ist ein *Pyruvat-Carrier* in der inneren Mitochondrienmembran zuständig. In den Mitochondrien laufen dann komplexe Vorgänge ab, die sich zusammenfassend wie folgt darstellen lassen: Der erste Schritt ist die oben beschriebene Wasserstoffübertragung auf NAD^+; dabei wird die Carboxylgruppe des Pyruvats als Kohlenstoffdioxid abgespalten. Es bleibt als Rest eine Acetylgruppe, die an ein Trägermolekül, das *Coenzym A* (CoA-SH) gebunden wird. Dabei entsteht *Acetyl-CoA* (auch als *aktivierte Essigsäure* wegen der besonderen Reaktionsfähigkeit in dieser Form bezeichnet). Die aktivierte Essigsäure ist eine der *Schlüsselsubstanzen* im Stoffwechsel der Zellen. Sie wurde 1951 von dem Biochemiker Feodor Felix Konrad *Lynen* (1911–1979) aus Hefezellen isoliert. Lynen erhielt zusammen mit Konrad Emil *Bloch* (1912–2000) den Nobelpreis für Medizin oder Physiologie 1964 für seine Arbeiten über den Mechanismus und die Regulation des Cholesterin- und Fettsäurestoffwechsels. Außer durch

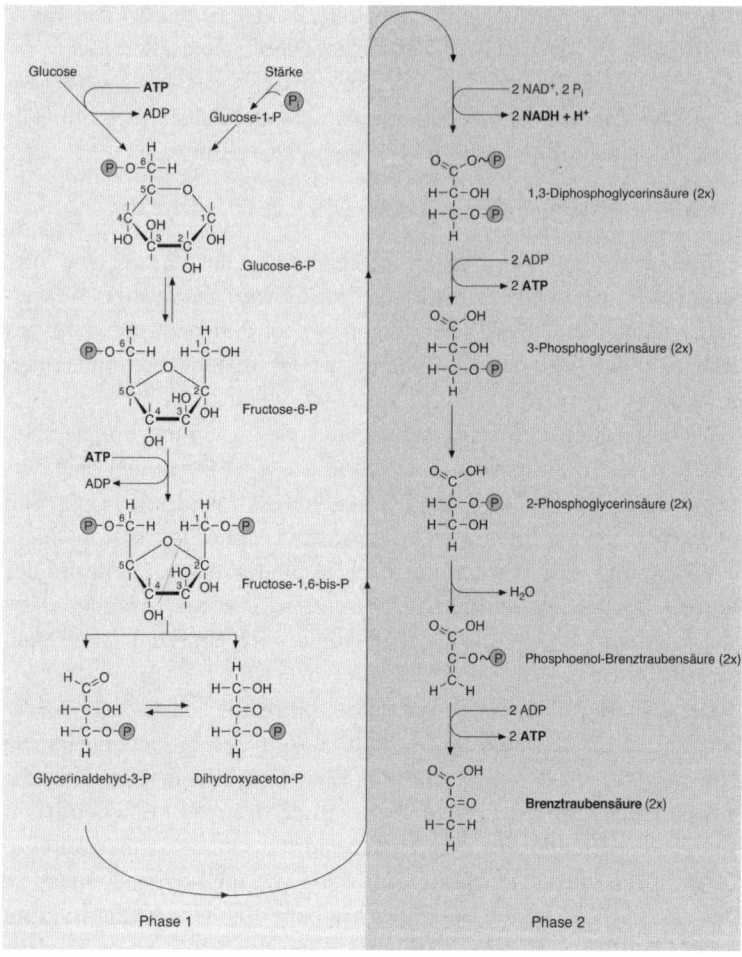

Abb. 13 Glykolyse – die Reaktionsfolge. (Aus: Lüttge/
Kluge/Bauer, »Botanik«, 5. Aufl. 2005 – Abb. 6-5, S. 85.)

die hier beschriebene »oxidative Decarboxylierung« von Pyruvat (als
Endprodukt der Glykolyse) entsteht aktivierte Essigsäure auch beim
Abbau von Aminosäuren (beispielsweise von L-Alanin) und beim
Abbau von Fettsäuren (auf dem Weg der β-Oxidation). Beim Fettsäu-
reabbau werden von der jeweiligen Fettsäure nacheinander immer
zwei Kohlenstoffatome als Acetyl-CoA abgespalten – aus Palmitin-
säure (16 C-Atome) zum Beispiel acht Moleküle Acetyl-CoA. Dieser
Vorgang findet auch in den Mitochondrien statt. Weiterhin wirkt die

aktivierte Essigsäure an der Synthese energiereicher Verbindungen wie Triglyceride, Ketone und Cholesterin mit. Diese Biosynthesen finden im Cytosol statt. Da das Acetyl-CoA jedoch das Mitochondrium nicht direkt verlassen kann, sind für den Transport spezielle Systeme erforderlich, die im Abschnitt 2.6 vorgestellt werden.

Im Energiestoffwechsel, den wir hier weiter verfolgen, wird die aktivierte Essigsäure in einer zyklischen Abfolge von Einzelreaktionen, dem *Citronensäurezyklus*, weiter abgebaut. Nach seinen Entdeckern wird er auch *Krebs-Martius-Zyklus* genannt. Hans Adolf *Krebs* (1900–1981) erhielt zusammen mit Fritz Albert *Lippmann* (1899–1986) 1953 den Nobelpreis für Physiologie oder Medizin. Krebs klärte bereits 1937 zusammen mit Carl *Martius* (1906–1993, ab 1956 Prof. an der ETH Zürich) die Reaktionsfolge des Citronensäurezyklus auf. An dieser Forschung war auch Franz *Knoop* (1875–1946, Prof. in Freiburg und Tübingen) beteiligt, der 1905 die β-Oxidation der Fettsäuren entdeckte. Bei der Eingangsreaktion des Citronensäurezyklus entsteht die Citronensäure.

Die *Bilanz des Gesamtsystems* sieht wie folgt aus:

Aus jedem Acetylrest, der in den Zyklus eingeschleust wird, entstehen zwei Moleküle Kohlenstoffdioxid. Unter Berücksichtigung der Decarboxylierung des Pyruvats (s. o.) sind es dann drei Moleküle – somit sechs für jedes durch Glykolyse abgebaute Glucosemolekül. Beteiligt ist am Zyklus außer NAD und ATP auch das $FADH_2$ mit FAD als Flavin-adenin-dinucleotid, einem gelben Dinucleotid aus Riboflavin und Adenosin, die durch eine Diphosphatbrücke verknüpft sind. FAD in Form von $FADH_2$ ist für den Wasserstofftransport vom und zum Substrat verantwortlich. Es zählt zu den Flavoenzymen, den Oxidoreduktasen. Für jedes umgesetzte Triosemolekül entstehen fünf ($NADH + H^+$) und ein $FADH_2$. Aus Glykolyse und Citronensäurezyklus abgebaute Hexosemoleküle liefern somit die doppelte Ausbeute. Der direkte Energiegewinn (2 ATP je Hexose) ist gering. Die eigentliche Energiequelle ist somit die Vereinigung des Wasserstoffs der reduzierten Coenzyme mit Sauerstoff, der Wasserstoff stammt aus dem abgebauten Substrat.

Diese *Atmungskette* aus einer Serie von *Redoxsytemen* ist ein stark *exergoner* Vorgang (Prozess, in dessen Verlauf Energie nach außen abgegeben wird; handelt es sich um Wärme, nennt man die Reaktion »exotherm«). Er beruht auf der *Knallgasreaktion*, die hier jedoch in kleinen Schritten abläuft. Dabei gilt die Regel, dass kleinere Energie-

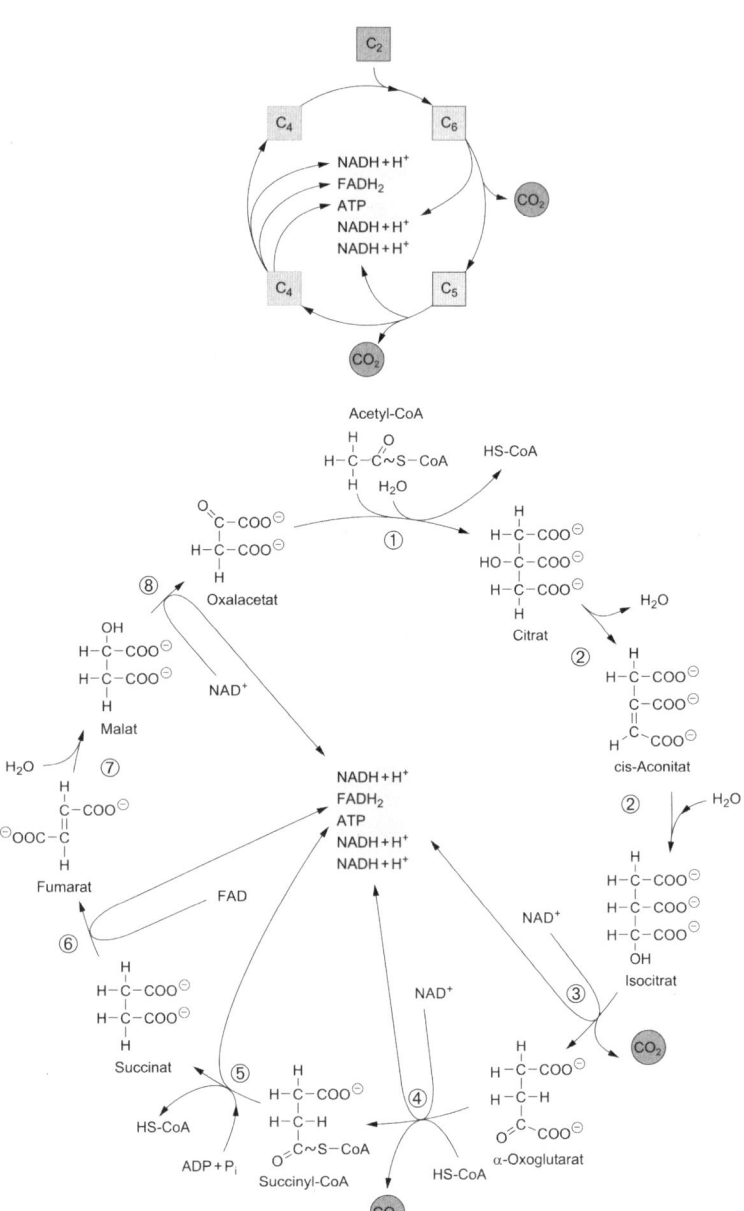

Abb. 14 Der Citronensäurezyklus – oben: vereinfachtes Schema, unten: Einzelheiten der komplexen Reaktionsfolge. (Aus: Lüttge/Kluge/Bauer: »Botanik«, 5. Aufl., 2005 – Abb. 7-3, S. 99.)

portionen leichter und mit weniger Verlust gespeichert werden können. Am Anfang der Atmungskette steht das Redoxsystem (NADH + H^+)/NAD^+. Danach übernimmt das Flavinmononucleotid (FMN) Wasserstoff vom ersten System und geht in die reduzierte Form $FMNH_2$ über. Damit ist der Elektronentransport eingeleitet. Das Redoxsystem FMN/$FMNH_2$ ist die Wirkgruppe der NADH-Dehydrogenase (Enzymkomplex mit Eisen-Schwefel-Proteinen). Nun kommt ein weiterer Wasserstoffüberträger ins Spiel, das *Ubichinon*, kurz als Q bezeichnet. Wie der Name andeutet, ist diese Substanz ubiquitär, d. h. überall in biologischen Systemen verbreitet. Q wird durch $FMNH_2$ reduziert und geht dabei in das Ubihydrochinon über. (Im Citronensäurezyklus steht für dessen Reduktion auch das $FADH_2$ zur Verfügung.) Danach werden Protonen und Elektronen getrennt – zwei Protonen verlassen das System, und zwei Elektronen wandern durch den letzten Teil der Atmungskette, der aus einer Serie von *Cytochromen* (Häm-Eisen-Proteine) mit dem zentralen Eisenatom als eigentlichem Redoxsystem besteht. Ihren Abschluss findet die Atmungskette durch die Übertragung von zwei Elektronen vom Cytochrom a (Cytochrom-Oxidase) auf *molekularen Sauerstoff*, der in den zweifach negativ geladenen Zustand übergeht und die beiden zuvor entstandenen Protonen unter Bildung von Wasser aufnimmt.

Die *Energiebilanz* aus dem Abbau der Glucose in der Atmung lässt sich anhand dieser detaillierten Kenntnisse wie folgt beschreiben:

Insgesamt würden je Mol Glucose bei einem vollständigen Abbau in die Bausteine der Photosynthese (Kohlenstoffdioxid und Wasser) 2870 kJ frei. In den Reaktionsbereichen Glykolyse, oxidative Decarboxylierung der Brenztraubensäure und Citronensäurezyklus werden insgesamt 36 Mol ATP (je 33,5 kJ/mol) und somit 1206 kJ verbraucht (gespeichert), was 42 % vom Gesamtprozess des Glucoseabbaus entspricht (nach Lüttge/Kluge/Bauer: Botanik). H. W. Heldt (»Pflanzenbiochemie«) kommt mit anderen Ansätzen zu anderen Ergebnissen und stellt fest, dass 54 % der bei der Oxidation abgegebenen freien Enthalpie für die ATP-Synthese genutzt würden. Jedoch seien die Werte immer noch (2003) als unsicher zu betrachten. Insgesamt stellen die beschriebenen Vorgänge ein Beispiel für eine *Serie von Fließgleichgewichten* dar, welche im Vorwort als ein wesentliches Kriterium das Phänomens Leben genannt wurden.

2.5 Die wichtige Rolle des Stickstoffs: Stickstoff-Fixierung und -Assimilation

Bis 1888 wurden die Wurzelknöllchen der Leguminosen als Symptome einer Krankheit angesehen. Erst die Agrikulturchemiker Hermann *Hellriegel* (1831–1895) und Hermann *Wilfarth* (1853–1904) erkannten ihre Bedeutung für die Aufnahme von Stickstoff, die sogenannte *Stickstoff-Fixierung*. Beide Wissenschaftler waren in der Anhaltischen Versuchsstation in Bernburg tätig – Hellriegel als dessen Leiter, Wilfarth als Mitarbeiter. 1888 veröffentlichten sie ihre Schrift »Untersuchungen über die Stickstoffnahrung der Gramineen und Leguminosen«. Als »Sternstunde für die Landbauwissenschaft« wird ein Vortrag am 20. September 1886 auf der Jahrestagung der Gesellschaft Deutscher Naturforscher und Ärzte in Berlin bezeichnet, auf der Hellriegel erstmals über die Entdeckung berichtete, dass die mit »Knöllchen-Bakterien« infizierten Leguminosen ihren Stickstoffbedarf aus dem elementaren Stickstoff der Atmosphäre decken.

Stickstoff-Fixierung

Bis heute ist die molekulare Basis von Spezifität und Erkennung der als *kontrollierte Infektion* bezeichneten Aufnahme der Knöllchenbakterien (zu Gattung *Rhizobium* zählend) nur zum Teil bekannt. Offensichtlich handelt es sich um Lipooligosaccharide – sogenannte *Nod-Faktoren* (von nodus = Knoten). Diese weisen infolge von Reaktionen wie Acylierung, Acetylierung und Sulfatierung eine hohe strukturelle Spezifität auf und schließen wie ein *vielzackiger Schlüssel* die *Tür* zum *Haus* des Wirts auf. Als Ergebnis dieses bildlich dargestellten Vorgangs stellt man meist eine Deformation der Wurzelhaare fest. Nach dem Eindringen der Rhizobien in die Pflanze (Erbse, Linse, Bohne, Klee, Lupine) bildet sich ein Infektionsschlauch. Durch ihn gelangen die Nod-Faktoren in die Rindenzone und führen zur Bildung von Teilungsgewebe, woraus dann die Knöllchen gebildet werden. Die so entstandene Symbiose zwischen Rhizobien und Wirtspflanzen ist auf spezielle Gene der Rhizobien zurückzuführen, die bei frei lebenden Bakterien ausgeschaltet sind. Sie werden erst durch eine Wechselwirkung mit dem Wirt aktiviert. Dieser signalisiert seine Bereitschaft zur Bildung von Knöllchen durch die Aussendung von Signalstoffen, hier *Flavonoiden*. Die Flavonoide binden an ein bakterielles Protein, das durch ein konstitutives *nod*-Gen codiert wird. Dieses mit Flavonoid beladene Protein aktiviert nun die Transkription der anderen *nod*-Gene. Die Proteine, die an der Knöllchenbildung beteiligt sind, werden daher auch als *Noduline* bezeichnet. Zu dieser Gruppe gehören Enzyme wie die Saccharose-Synthase sowie weitere aus dem Citronensäurezyklus, der Glutamin- und der Asparaginsynthese. In der Symbiose differenzieren sich die Rhizobien zu *Bakteroiden*, die ein mehr als zehnfaches Volumen der einzelnen Bakterien annehmen können.

Die Bakteroide erhalten ihr Substrat vor allem über einen Transport von Malat, das in der Wirtszelle durch die Spaltung von Saccharose und weiter über Phosphoenolpyruvat und Oxalacetat synthetisiert wird. Die eigentliche *Stickstoff-Fixierung* erfolgt im *Nitrogenasekomplex* mit den Hauptkomponenten Dinitrogenase-Reduktase und Dinitrogenase im Cytoplasma der Bakteroide. Die *Dinitrogenase*, welche vor allem den molekularen Stickstoff (und auch Protonen) reduziert, enthält einen Eisen-Molybdän-Cofaktor als großes Redox-Zentrum aus den Bausteinen Fe_4S_3 und Fe_3MoS_3, die über drei anorganische Sulfidbrücken miteinander verknüpft sind.

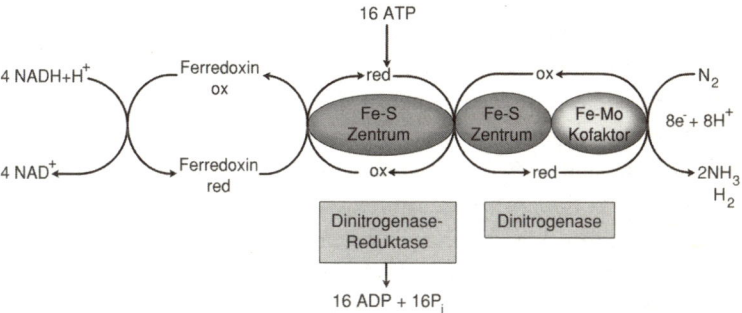

Abb. 15 Stickstoffreduktion – die Nitrogenase-Reaktion mit der Elektronentransport-Kette. (Aus: Lüttge/Kluge/Bauer, »Botanik«, 5. Aufl. 2005, Abb. 13-8, S. 216.) Gesamtbilanz: $N_2 + 4[H] + 16$ ATP $\rightarrow$ 2 $NH_3 + H_2 + 16$ (ADP + P_i).

Mithilfe des Enzyms Dinitrogenase läuft folgende Reaktion ab:

$$8\,H^+ + 8\,e^- + N_2 \rightarrow 2\,NH_3 + H_2$$

In einem Kleefeld lässt sich die Bildung des Wasserstoffs auch nachweisen. Besitzen die Bakteroide jedoch Hydrogenasen, so wird der Wasserstoff über einen Elektronentransport zu Wasser oxidiert.

Die Dinitrogenase ist sehr sauerstoffempfindlich. Um sie gegen den Luftsauerstoff zu schützen, bilden die durch Rhizobien infizierten Zellen *Leghämoglobin*, welches dem Myoglobin der Tiere sehr ähnlich ist, aber ein zehnmal höhere Affinität zum Sauerstoff aufweist und damit den mit der stickstoffhaltigen Luft aufgenommen Sauerstoff (ca. 21 % der Luft) binden kann.

Ist nun bei Stickstoff-Fixierung das Produkt Ammonium entstanden, so wird es als Ion über einen spezifischen Kanal der Wirtszelle zur Verfügung gestellt, wo daraus vor allem *Glutamin* und *Asparagin* synthetisiert werden, die wiederum über die Xylemgefäße der Pflanze zur Verfügung stehen.

Nitrat-Assimilation

Einen anderen Weg zu den Proteinen gehen die meisten Pflanzen über die *Assimilation* von *Nitrat*. Etwa 99 % des organischen Stickstoffs stammen aus dieser Quelle. Im Plasmalemma sorgen spezielle Carrier-Mechanismen (mithilfe von Protonen) für eine Nitrataufnahme. Pflanzen, deren Wurzeln sich für längere Zeit in einer nitratfreien Lösung befunden haben, nehmen erst nach einer bestimmten Latenzzeit wieder Nitrat auf. Das bedeutet, dass erst bei einem Nitratangebot die erforderlichen Carrier-Proteine synthetisiert werden. In der Regel muss das Nitrat zunächst in die Blätter transportiert werden, wo dann die eigentliche *assimilatorische Nitratreduktion* sattfindet. Nur bei sehr hohem Nitratangebot kann ein Teil auch in den Wurzeln zu Ammoniak bzw. Ammonium reduziert werden. Für die Reduktion vom Nitrat zum Ammonium sind acht Elektronen erforderlich. Sie findet in zwei Teilschritten statt, die Nitrat- und die Nitritreduktion im Cytoplasma bzw. in den Plastiden. Dazu müssen die Nitrat- und die Nitrit-Reduktase in den Blättern synthetisiert werden, was durch Expression der Gene durch Licht über das Phytochromsystem reguliert wird. Die Nitrat-Reduktase im Cytoplasma ist ein Protein aus dem Flavin-adenin-dinucleotid, Eisen und Molybdän als Cofaktoren zur Elektronenübertragung vom $NADH + H^+$. Die Nitrit-Reduktase in den Chloroplasten ist das *Ferredoxin* und fungiert als Elektronendonator. In seinem Zentrum befinden sich Eisen- und Schwefelatome, weiterhin ist es aus einem Flavin-adenin-dinucleotid und einem eisenhaltigen Tetrapyrrolsystem (Sirohäm) aufgebaut. Nichtgrüne Zellen können Nitrit in ihren Leukoplasten mit Hilfe von NADPH und H^+ zu Ammoniak reduzieren.

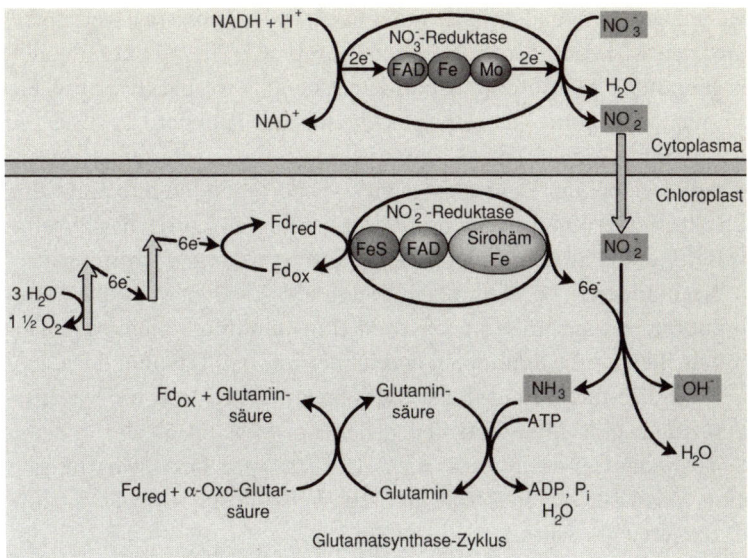

Abb. 16 Nitrat-Assimilation in grünen Pflanzen.
(Nach: Lüttge/Kluge/Bauer, »Botanik«, 5. Aufl. 2005,
Abb. 13-6, S. 214.)

Die beiden Reduktionen lassen sich in Gleichungen wie folgt zusammenfassen:

Cytoplasma: $NO_3^- + 2\ e^- + 2\ H_3O^+ \rightarrow NO_2^- + 3\ H_2O$
Chloroplasten: $NO_2^- + 6\ e^- + 6\ H_3O^+ \rightarrow NH_3 + 7\ H_2O + OH^-$

Die Neutralisierung der Hydroxid-Ionen erfolgt infolge der Biosynthese organischer Säuren, vor allem durch die Bildung von Äpfelsäu-
re (Entstehung von Malat-Ionen und Wasser).

An die Entstehung von Ammoniak schließt sich der *Glutamatsyn-
thase*-Zyklus (Entgiftung) an.

2.6 Die Wanderung von Substanzen: Transportmechanismen in Zellen

Carrier oder Translokatoren

Transportmechanismen spielen in Zellen eine wesentliche Rolle,
da die in den verschiedenen Organellen (s. Abschnitt 2.2) syntheti-
sierten oder benötigten Substanzen an unterschiedlichen Orten ent-

stehen bzw. verwendet werden. Als *Carrier* oder *Permeasen* werden katalytisch wirkende Proteine in den Membranen bezeichnet, die den sogenannten Membrantransport katalysieren – vergleichbar mit Enzymen allgemein, die eine biochemische Reaktion katalysieren (s. Abschnitt 4.2.1). Die Wirkung solcher Carrier-Proteine besteht darin, dass bei der Bindung des zu transportierenden Substrats eine Struktur- oder Konformationsänderung erfolgt, wodurch das Substrat von der einen auf die andere Membranseite gelangen kann.

Nach anderen Darstellungen (Heldt 2003) sollten spezielle Membranproteine, die einen spezifischen Transport durch Membranen ermöglichen, als *Translokatoren* bezeichnet werden. Das Bild des Carriers – sie diffundieren nach der Bindung eines Substrats wie beschrieben durch eine Membran und geben das Substrat an der anderen Seite wieder frei – stimme so nicht. Der Transport bestehe darin, dass eine Substanz in einer spezifischen Weise durch eine Pore »hindurchgereicht« würde.

Der *primäre aktive Transport von Protonen* kommt durch ATP-spaltende Proteine (H^+-ATPasen) im Plasmalemma und in den Tonoplasten zustande. Als *Tonoplast* wird die Membran bezeichnet, welche die Vakuolen umgibt. An höheren Pflanzen konnten durch Messungen Membranpotenzial-Differenzen am Plasmalemma und an Tonoplasten festgestellt werden. Zwischen Vakuole und Cytoplasma wurden positive Werte bis +70 mV und zwischen Cytoplasma und dem Äußeren der Zelle negative Werte bis −300 mV ermittelt. Diese Potenzialdifferenz ist auf den ATP-abhängigen Protonentransport zurückzuführen. Es bauen sich elektrochemische Protonengradienten an den Membranen auf. Der Transport der Protonen ist hier unmittelbar an den Verbrauch von ATP-Energie (s. Abschnitt 2.4) gekoppelt. Deshalb bezeichnet man diesen Transportmechanismus als *primär aktiven Transport*. Es handelt sich um einen vektoriellen (gerichteten) Transport, gekoppelt an eine chemische oder photochemische Reaktion. Der Transport der Protonen gegen einen Konzentrationsgradienten wird durch den Elektronentransport der Photosynthesekette (Abschnitt 2.3) oder der Atmungskette (Abschnitt 2.4) bzw. unter Verbrauch von ATP angetrieben (als *elektrogen* bezeichnet).

Sekundär aktiver Transport bedeutet, dass als einzige Triebkraft ein elektrochemisches Potenzial einer Membran wirksam ist. Ein Beispiel ist der Transport von Saccharose über einen H^+-Saccharose-Symport (Symport: gleichzeitiger Transport von zwei Substanzen in die gleiche Richtung). Hier treibt ein durch primär-aktiven Transport gebildeter Protonengradient die Akkumulation von Saccharose.

Zu den Transportprozessen an Membranen zählt auch die passive Diffusion im hydrophilen Bereich von Proteinen und im Lipidbereich, die *passive Permeation*. Sie hängt von der Größe der Teilchen ab (Ultrafiltertheorie der Permeation).

Die eingangs genannten *Translokatoren* bilden als integrale Membranproteine einen Teil der Membran. Sie weisen einen einheitlichen Aufbau auf und durchdringen die Lipiddoppelschicht der Membran in Form von α-Helices. Ihre Seitenketten sind hydrophob (mit Aminosäuren wie Alanin, Valin, Leucin, Isoleucin oder Phenylalanin). Translokatoren der Mitochondrien (und auch anderer Kompartimente) bestehen beispielsweise aus zwei Untereinheiten, die sich zu einer geschlossenen Pore formiert haben. Beide Untereinheiten besitzen je eine Substratbindungsstelle, entweder von innen oder von außen zugänglich. Der Zugang zu einer der Substratbindungsstellen wird von der Konformation des *Translokatorproteins* bestimmt. Verfolgt man den Transportprozess im Einzelnen, so kann man als ersten Schritt die Bindung eines Substrats an die von außen zugängliche Bindungsstelle feststellen. Dabei erfolgt eine Konformationsänderung. Im letzten Schritt wird das Substrat dann an der Innenseite wieder freigesetzt. Nun kann an die freigewordene Bindungsstelle ein anderes Substrat binden, das dann nach außen transportiert wird. Von einem *Ping-Pong-Mechanismus* spricht man, wenn ein Umklappen der Bindungsstellen durch Konformationsänderung nur erfolgt, wenn die Bindungsstelle auch durch ein Substrat besetzt ist. Sind jedoch die innere und die äußere Bindungsstelle gleichzeitig zugänglich und erfolgt die Konformationsänderung nur dann, wenn beide Bindungsstellen besetzt sind, so handelt es sich um einen *simultanen Mechanismus*.

Im Zusammenhang mit Abschnitt 2.4 (Abb. 14) sei hier der Transportmechanismus für die aktivierte Essigsäure, Acetyl-CoA, beschrieben. Er wird auch *Citrat-Shuttle* oder *Citrat-Malat-Pyruvat-Zyklus* (nach seinem Entdecker »Ball-Zyklus«) genannt. Acetyl-CoA wird für zahlreiche biochemische Prozesse im Cytosol (z. B. die Fettsäuresynthese) benötigt, sie entsteht jedoch wie beschrieben im Verlauf der β-Oxidation bzw. als Endprodukt der Glykolyse vorwiegend in den Mitochondrien. Die innere Membran der Mitochondrien ist für Acetyl-CoA wie auch für andere Metabolite undurchlässig. Daher müssen generell spezifische Translokatoren für einen geregelten Stoffaustausch zwischen dem Inneren der Mitochondrien und dem Cytosol sorgen. Beim Citrat-Shuttle werden zunächst Oxalacetat und Acetyl-CoA durch das Enzym Citrat-Synthase zu Citrat kondensiert. Für den Gegentausch mit Malat kann ein spezieller Translokator (auch als Tricarboxylat-Carrier bezeichnet; s. Lehninger, Biochemie 4. Aufl., 2008, S. 1076) Citrat aus der Matrix des Mitochondriums transportieren. Auf der Seite des Cytosols spaltet dann das Enzym ATP-Citrat-Lyase Citrat unter ATP-Verbrauch wieder in Oxalacetat und Acetyl-CoA. Das Oxalacetat wird durch das Enzym Malat-Dehydrogenase und NADH zu Malat reduziert, das nun für den Gegentausch nach dem simultanen Mechanismus zur Verfügung steht. Im Mitochondrium wird Malat wieder zu Oxalacetat oxidiert – der Kreis hat sich geschlossen.

Ionenkanäle

Einen weiteren, völlig anders gearteten Transportweg bilden die *Ionenkanäle* in Zellen. Im Deutschen Museum Bonn im Wissenschaftszentrum (1995 eröffnet) ist der *Patch-Clamp-Messplatz* der Nobelpreisträger Neher und Sakmann aus dem Max-Planck-Institut für Biophysikalische Chemie in Göttingen ausgestellt, an dem den beiden Wissenschaftlern die Entdeckung der Ionenkanäle gelang. Der Physiker Erwin *Neher* (Jg. 1944) und der Mediziner Bert *Sakmann* (Jg. 1942) erhielten 1991 den Nobelpreis für Physiologie und Medizin für ihre gemeinsamen Forschungen über zelluläre Ionenkanäle, insbesondere für die Entwicklung einer Methode zur Messung geringster elektrischer Ströme in diesen Kanälen.

Neher wurde in Landsberg am Lech geboren, studierte Physik an der TU München und an der Universität Wisconsin, Madison/USA. Er erwarb dort den akademischen Grad eines Masters of Science und promovierte 1970 an der TU München. Seit 1972 arbeitet er im Institut für Biophysikalische Chemie, dem Karl-Friedrich-Bonhoeffer-Institut, in Göttingen. Sakmann, in Stuttgart geboren, studierte Medizin an der Ludwig-Maximilians-Universität in München und an der Universität Tübingen. Von 1971 bis 1973 arbeitete er im Department of Biophysics, University College, in London. 1974 promovierte er in Göttingen, wo er bis 1989 die gemeinsamen Forschungen mit Neher am Max-Planck-Institut durchführte. 1984 wurde er als Direktor der Abteilung für Zellphysiologie an das Max-Planck-Institut für medizinische Forschung in Heidelberg berufen.

Als *Patch-Clamp-Technik* (wörtlich übersetzt: *patch* – Flicken, Fleck und *clamp* – Klammer) wird allgemein eine Arbeitstechnik zur Untersuchung der elektrischen Leitfähigkeit von biologischen Membranen bezeichnet. Die Beschreibung der Vorgehensweise verdeutlicht den Sinn der beiden englischen Begriffe: Mit Hilfe einer Mikropipette wird die Membran einer intakten Zelle angesaugt. Infolge des Unterdrucks wird die Zelle dabei am Rand verschlossen. Dieses an die Mikropipette »angeklemmte« Membranstück lässt sich nun von der Zelle abtrennen. Es wird in ein Elektrolytbad eingetaucht. Die Leitfähigkeit zwischen dem Membranstück und der Elektrolytlösung in der Pipette kann gemessen werden. Die daraus berechenbaren Widerstände liegen für eine intakte Membran im Gigaohm-Bereich (Giga: 10^9), die Stromstärken im Picoampere-Bereich (pico: 10^{-12}). Darüber hinaus können der Elektrolytlösung bestimmte Reagenzien zugesetzt werden, wodurch sich Ionenkanäle öffnen – die Leitfähigkeit steigt dabei sprunghaft an. Ionenkanäle sind Transportsysteme für Ionen und erfüllen die Funktion einer Signalübertragung. Die Poren einer an sich für polare Moleküle und vor allem für Ionen undurchlässigen biologischen Membran bestehen aus Proteinen oder Glykoproteinen (s. Abschnitt 2.2). Diese können sich aufgrund hydrophober α-Helices in den Lipid-Doppelschichten in Membranen einlagern. Durch sie ist ein selektiver, passiver, meist diffusionskontrollierter Transport von Ionen möglich. Die Durchlässigkeit (Leitfähigkeit) kann u.a. durch das Membranpotenzial oder durch Liganden reguliert werden. Im Unterschied zu den beschriebenen Transportmechanismen funktionieren Ionenkanäle dadurch, dass sie im geöffneten Zustand Ionen spannungsabhängig hindurchdiffundieren lassen (und dabei nicht an die Membranproteine binden). Das Membranpotenzial kann bei der beschriebenen Messtechnik durch den Einsatz zusätzlicher Elektroden geregelt werden, wodurch potenzialabhängige Untersuchungen an Ionenkanälen möglich werden.

Der im Deutschen Museum Bonn ausgestellte Patch-Clamp-Messplatz wurde 1976 gebaut. Mit ihm gelang es den beiden Nobelpreisträgern und ihren Mitarbeitern zum ersten Mal, die Größe und Dauer des Ionenstroms durch die einzelnen Kanäle einer Zellmembran von Muskelfasern zu messen. Bei der Erregbarkeit von Nerven- und Muskelzellen spielen vor allem potenzialaktivierte Kalium- und Natrium-Ionenkanäle eine entscheidende Rolle.

Mit dieser Technik lassen sich auch Membranoberflächen von isolierten Protoplasten (nach einem enzymatischen Abbau der Zellwand) oder isolierten Vakuolen gewinnen. Weitere Manipulationen ermöglichen es, Messungen mit angeheftetem Protoplasten oder angehefteten Vakuolen, mit zum Pipetteninneren offenen Zellkompartimenten oder mit angeklemmten Membranflecken durchzuführen.

Blut-Hirn-Schranke

Besonders vielfältig sind die Transportmechanismen durch die *Blut-Hirn-Schranke*. Diese wirkt einerseits als Schutzbarriere, muss andererseits aber den Transport von Nährstoffen sowie den Abtransport von Stoffwechselprodukten ermöglichen. Eine *freie (passive) Diffusion* kann sowohl durch die Zellmembran als auch durch *tight junctions* (»dichte Verbindung«, schmale Bänder aus Membranproteinen, welche die Zellzwischenräume verschließen und somit eine Diffusionsbarriere bilden) erfolgen, wobei ein Konzentrationsausgleich oder Ausgleich eines elektrochemischen Gradienten diffusionsbestimmend ist. 1971 entwickelte der Göttingen Biophysiker Hermann *Träuble* eine Theorie über den Transport kleiner Moleküle durch die Zellmembran, wonach kleine, zwischen den Fettsäureketten der Lipiddoppelschichten befindliche Hohlräume einen diffusen Transport sehr kleiner, lipophiler Moleküle ermöglichen. Für die Bestimmung der Lipophilie wird der Verteilungskoeffizient zwischen Wasser und n-Octanol verwendet. Für die Molmasse gilt eine Grenze von etwa 400–500 g/mol.

Die hohe Permeabilität des kleinen und sehr polaren Wassermoleküls – nachgewiesen 1970 mit Hilfe von Tritium-markiertem Wasser durch William Henry *Oldendorf* (1925-1992) – wird als *kanalvermittelte Permeabilität* bezeichnet. In der Zellmembran existieren dafür spezielle hydrophile Kanal-Proteine, *Aquaporine* genannt, über die der Wasserhaushalt des Gehirns geregelt wird. Auch für Glycerin, Harnstoff und Monocarboxylate bilden *Aquaglyceroporine* spezielle Kanäle in der Plasmamembran. Die Kanäle werden entweder durch Spannungsimpulse oder durch interagierende Hormone aktiviert bzw. deaktiviert. Durch eine sogenannte *erleichterte Diffusion* gelangen lebenswichtige Nährstoffe wie die *Glucose* und auch viele Aminosäuren, die zu polar und zu groß sind, in das Gehirn. Die Glucose ist der einzige Energielieferant für das Gehirn. Fettsäuren, die im Plasma an Albumin gebunden sind, können die Blut-Hirn-Schranke nicht überwinden. Aminosäuren können nicht zur Energiegewinnung (ATP-Gewinnung) verwendet werden, da die Neuronen nicht zur Gluconeogenese (Biosynthese der Glucose – Umkehrung der Glykolyse) befähigt sind. Nur in Hungerzuständen kann das Gehirn auch Ketonkörper zur Energiegewinnung einsetzen. Für Glucose und einige Aminosäuren existiert in der Zellmembran der Blut-Hirn-Schranke ein *carriervermittelter Transport*. So wird die Glucose über den GLUT-1-Transporter in das Gehirn transportiert. Auf der zum Blut hin gerichteten Seite ist die Dichte der GLUT-1-Transporter um den Faktor 4 höher als auf der Innenseite, sodass der Transport durch ein Konzentrationsgefälle möglich wird. Es existiert eine ganze Familie an *Solute-Carrier-Transportern*, so für Lactat, Pyruvat, kationische Aminosäuren (Arginin, Lysin, Ornithin), für L-Ascorbinsäure sowie andere Vitamine und Hormone. Alle diese Transporte benötigen keine Energie.

Ein *aktiver Transport* (mit einem zusätzlichen Bedarf an Energie) zum Gehirn und auch aus dem Gehirn mit sogenannten Pumpen ist auch gegen Konzentrationsgradienten möglich. *Efflux-Transporter* können beispielsweise L-Asparaginsäure, deren Akkumulation neurotoxische Effekte verursacht, transportieren – sie wirken stereoselektiv. D-Asparaginsäure dagegen wird zur Beeinflussung der Sekretion verschiedener Hormone im Gehirn benötigt und daher von Efflux-Transportern nicht nach außen abgegeben.

Ausgewählte große Moleküle können nur mit Hilfe *rezeptorvermittelter Transcytosen*, spezieller Rezeptoren, durch die Zellmembran nach außen gelangen. Transferrin (aus 679 Aminosäuren, Molmasse 75,2 kDa, Transportmetabolit im Eisenstoffwechsel) gelangt durch Rezeptoren, die durch die Zellmembran nach außen ragen, aus dem Blut in die extrazelluläre Flüssigkeit des Gehirns. Als *kationischer Transport* wird ein Transportmechanismus bezeichnet, der bei der *adsorptionsvermittelten Transcytose* auf der Grundlage von elektrostatischen Wechselwirkungen zwischen der durch Glykoproteinen negativ geladenen Zelloberfläche und positiv geladenen Molekülen eine Transport durch das Cytoplasma ermöglicht. Peptide und Proteine, deren isoelektrischer Punkt im Basischen liegt, tragen beispielsweise positive Ladungen. Das Gehirn weist einen aktiven Aminosäuren-Stoffwechsel auf. Besonders ausgeprägt sind hohe Spiegel von Glutamat und Aspartat, die den Neuronen als Transmitter-Substanzen dienen, in den Synapsen gespeichert und bei Erregung ausgeschüttet werden – zum Glutamat s. auch Abschnitt 4.1.

2.7 Chemische Stoffe als molekulare Schalter

Als *molekulare Schalter* werden Moleküle bezeichnet, die unter dem Einfluss von Temperatur, pH-Wert und elektrischen Potenzialen zwischen zwei oder mehreren stabilen Zuständen umschalten und je nach Zustand chemische Prozesse regulieren. Signalspezifische Rezeptoren greifen die Botschaft ab; dadurch erfolgt eine *Signaltransduktion* im engeren Sinn, die am Ende einer Kette zur eigentlichen Reaktion in der Zielstruktur führt. Erweitert man den Begriff Signaltransduktion, so sind darin drei Vorgänge – Aufnahme, Weiterleitung und Reaktion – enthalten.

Als Signale gelten Einflüsse von außen wie Licht oder Temperatur, Bereitstellung von Kohlenstoffdioxid, Wasser und Mineralstoffen (Außenfaktoren) oder auch Hormone sowie elektrische Signale (Innenfaktoren). Über signalspezifische Rezeptoren erfolgt zunächst die *Signalperzeption*. Die dafür zuständigen Rezeptoren befinden sich entweder im Plasmalemma oder im Inneren der Zelle. Die klassischen Phytohormone können im Unterschied zu vielen Hormonen der Tiere (und des Menschen) das Plasmalemma passieren. Die sogenannten *Rezeptorproteine* sind für die spezifische Erkennung von Botenmolekülen – z. B. von Phytohormonen – und von speziellen Oberflächenstrukturen zuständig und so für die *Perzeption* und *Weiterverarbeitung* von Signalen verantwortlich. W. *Heldt* überschreibt das entsprechende Kapitel (19.1) über »molekulare Schalter« in seinem Lehrbuch zur »Pflanzenbiochemie« (Auflage 2003) mit »Aus Tieren bekannte Signaltransduktionsketten könnten Modelle für pflanzliche Signaltransduktionen sein« und das Hauptkapitel 19 mit dem Satz »Vielfältige Signale koordinieren Wachstum und Entwicklung verschiedener Pflanzenorgane und bewirken deren Anpassung an unterschiedliche Umweltbedingungen.« Auch Dieter Hess (»Allgemeine Botanik« 2004) weist darauf hin, dass schwer nachzuweisen sei, dass ein Protein eine Signalbotschaft tatsächlich weitergibt.

Als Beispiele für gut untersuchte molekulare Schalter werden im Folgenden ein *Kaskadenmodell* am Beispiel von *Proteinkinasen* und das Schema für die Wirkung von *Calcium-Ionen* als *Botenstoff* (unter Verwendung der Patch-Clamp-Technik – s. Abschnitt 2.6) näher beschrieben.

Kaskadenmodell für Proteinkinasen

Proteinkinasen, welche als Elemente der Signaltransduktion wirken, sind Enzyme, die Proteine mit Hilfe der ATP phosphorylieren können. Die betreffenden Proteine werden dadurch in der Regel aktiviert. Die *mitogen-activated protein kinase*, kurz als MAPK bezeichnet, zählt zu den wichtigsten Proteinkinasen. *Mitogene* werden mitosefördernde Faktoren genannt. Bei der *Mitose* handelt es sich um eine indirekte Kernteilung – einen Vorgang der Zellkernteilung, bei der jeder der beiden Tochterkerne gleiches Genmaterial und den vollständigen Chromosomensatz erhält. Die Wirkungsweise der MAPKs lässt sich im Prinzip wie folgt beschreiben: Zunächst aktiviert ein Signal (*Phytohormone*, Stressfaktoren wie Verwundungen, Kälte, hoher Salzgehalt oder spezielle Substanzen aus pathogenen Pilzen, *Elicitoren* genannt, wie Salicylsäure) einen Transmembran-Rezeptor. Dieser wiederum aktiviert über die Phosphorylierung eine erste MA-Proteinkinase, MAP*KKK*. Die Buchstaben bedeuten, dass es sich um die erste von *drei* (*KKK*) hintereinander geschalteten Kinase-Formen handelt, das P bezeichnet eine erfolgreiche Phosphorylierung. Dann erfolgt die Phosphorylierung weiterer Kinasen, MAP*KK* und MAP*K*. So entsteht ein *Kaskadeneffekt*, durch den jeweils eine Kinase in der Kette zahlreiche Moleküle der nachfolgenden Kinase phosphoryliert. Werden unterschiedliche nachfolgende Kinasen phosphoryliert, so spricht man von einer *Diversifikation*. Für die Phosphorylierung ist das ATP/ADP-System zuständig. Bei der Phosphorylierung wird das energiereiche ATP in das energieärmere ADP überführt. Dieses wird z. B. in der Atmungskette zu ATP regeneriert. Die MAPKs phosphorylieren und aktivieren dadurch spezifische Transkriptionsfaktoren, die für die Transkription eines Gens verantwortlich sind (s. auch Abschnitt 4.3). Für die Aktivierung der Gene für Amylasen im Aleuron der Gerste ist zwar die vorausgehende Signaltransduktion nicht im Einzelnen bekannt, jedoch sind der spezifische Transkriptionsfaktor und seine Bindungssequenz in den Promotoren der α-Amylase-Gene näher untersucht.

Calcium-Ionen als Faktoren der Signaltransduktion

Die Konzentration der Calcium-Ionen im Cytosol beträgt nur 10^{-4} mmol/l, in Calcium-Speichern wie den Vakuolen, dem ER (endoplasmatischem Reticulum), dem Zellwandraum oder auch den Mitochondrien jedoch 0,5–10 mmol/l. Wirkt ein Signal, so öffnen sich

Kanäle, über die Calcium-Ionen in das Cytosol wandern können. Um die geöffneten Kanäle wieder schließen zu können, wirken spezielle Ca-ATPasen in den Membranen der genannten Speicher. Sie pumpen Calcium-Ionen bis zur Wiederherstellung der Ausgangskonzentration im Cytosol wieder in die Speicher zurück, womit die Signalgebung beendet ist. Vor allem im Cytosol kommen spezielle Calciumbindende Proteine vor, die *Calmoduline*. *Calmoduline* (Kurzform aus Calcium und Modulation) sind lösliche Proteine aus etwa 150 Aminosäuren, die in vier schlingenartigen Strukturen jeweils vier Calcium-Ionen binden können. Dabei verändern sie ihre Konformation in der Art, dass an sie Zielproteine mit hydrophoben Aminosäuresequenzen gebunden werden können, die dadurch aktiviert werden. Unter diesen Proteinen befinden sich auch Proteinkinasen (s. o.), die spezifische Transkriptionsfaktoren phosphorylieren und damit aktivieren.

Phytohormone als Signale für molekulare Schalter

Auf die im Prinzip beschriebenen Signalketten können zahlreiche Faktoren einwirken – u. a. die *Phytohormone* mit ihren sehr unterschiedlichen Strukturen und Wirkungen. Hier sollen zwei Beispiele näher vorgestellt werden.

Auxine stimulieren u. a. das Streckungswachstum. Bereits 1880 beobachteten Charles *Darwin* (1809–1882) und sein Sohn Francis *Darwin* (1848–1925, ab 1874 Mitarbeiter seines Vaters, ab 1888 Professor in Cambridge) die Krümmung eines Graskeimlings durch die Belichtung der Spitze. Sie postulierten als Erklärung, dass von der Spitze ein Signal in die einige Millimeter von der Spitze entfernte Wachstumszone ausgehen müsse. 1926 isolierte der holländische Forscher Frits *Went* (1863–1935, Prof. in Utrecht) aus den Sprossspitzen von Haferkeimlingen ein wachstumsfördernde Substanz. Er nannte sie *Auxin*. Später wurde sie als Indolessigsäure identifiziert.

Das Gas *Ethylen* spielt bei der Auslösung der *Seneszenz*, dem Abbau von Blattsubstanz, ein wesentliche Rolle. Ausgangsstoff für die Synthese von Ethylen ist S-Adenosylmethionin, das, durch die positive Ladung am Schwefel aktiviert, vom Enzym Aminocyclopropan-Carboxylat-Synthase (ACC-Synthase) gespalten wird. Es entsteht Cyclopropan, das durch ACC-Oxidase u. a. in Ethylen umgewandelt wird. Der Ethylenrezeptor besteht aus einem Dimer von Proteinkinasen (mit einem Kupfer-Cofaktor). Über eine oben beschriebene Proteinkinase-Kaskade (wahrscheinlich sind MAPK und MAPKK beteiligt) werden Transkriptionsfaktoren beeinflusst, die wiederum die Expression bestimmte Gene kontrollieren. Effekte des Ethylens sind beispielsweise der Abbau von Proteinen zu Aminosäuren, die zusammen mit Magnesium-Ionen durch das Phloem (Siebteil des Leitbündels an Gefäßen zum Transport organischer Stoffe) zu Wiederverwertung abtransportiert werden – bei einjährigen Pflanzen zur Samenbildung, bei mehrjährigen Pflanzen zur Lagerung in den Wurzeln oder im Stamm. Die Fruchtreife ist ein Spezialfall der Seneszenz. Ethylen löst auch Abwehrreaktionen nach einem Pilzbefall oder bei Fraßschäden aus, so die Synthese von Tanninen nach Fraßschäden an Akazienblättern durch Antilopen. Die Abstoßung von Früchten ist ebenfalls auf Ethylen zurückzuführen. Ein überzeugendes Beispiel für die Wirkung des Ethylens auf die Fruchtreife ist folgendes: Lässt man einen reifen Apfel und eine grüne Tomate gemeinsam in einer Plastiktüte liegen, so lässt das gasförmige Ethylen, das der Apfel produziert, die Tomate schneller reifen. Diesen Effekt nutzt man bei der Lagerung grüner Bananen aus: Unter Bedingungen, welche die endogene Ethylensynthese unterdrücken (tiefe Temperatur, Kohlenstoffdioxid-Atmosphäre) werden sie transportiert; erst kurz vor dem Verkauf werden sie durch Begasung mit Ethylen zur Reife gebracht.

3
Lebensmittel für Mensch und Tier

3.1 Stoffe des Lebens – Baustoff- und Energielieferanten

Nahrung für Mensch und Tier setzt sich im weitesten Sinne aus Wasser, Mineralstoffen, Vitaminen, Enzymen, Lipoiden, Kohlenhydraten und Eiweiß zusammen. Entsprechend gegliedert sind die meisten Lehrbücher der Lebensmittelchemie.

Als *Nährstoffe* werden Fette, Kohlenhydrate und Eiweißstoffe bezeichnet, deren chemischer Aufbau einen Angriff körpereigener Enzymsysteme ermöglicht. Infolge dieser Reaktionen werden einerseits Energie, andererseits Bausteine zur Synthese körpereigener Substanzen gewonnen. Die Körper von Mensch und Tier befindet sich in einem ständigen Ab- und Aufbau chemischer Stoffe. Plasmaproteine besitzen eine *biologische Halbwertszeit* von nur wenigen Tagen.

1902 veröffentlichte der deutsche Hygieniker und Physiologe Max *Rubner* (1854–1932), ab 1891 Nachfolger von Robert Koch in Berlin, Gründer das Kaiser-Wilhelm-Instituts für Arbeitsphysiologie) seine grundlegenden Arbeiten über die »Gesetze des Energieverbrauchs bei der Ernährung«. Er formulierte das *Isodynamie-Gesetz* (1885 – Gleichwertigkeit des Kaloriengehalts, also der Verbrennungsenergie, verschiedener Nahrungsmittel) und gilt als Begründer der modernen Ernährungslehre. Im Energiestoffwechsel spielen die Oxidationen von Kohlenstoff zum Kohlenstoffdioxid (94 kcal = 393,3 kJ je Mol) und von Wasserstoff zum Wasser (68 kcal = 284,5 kJ) die summarisch wichtigsten Rollen. Rubner stellte fest, dass die in Kalorimeterbomben ermittelten Verbrennungswärmen mit den körpereigenen Brennwerten nach *enzymatischer Verdauung* weitgehend übereinstimmen. Gültig ist diese Aussage bis heute für Fette und Kohlenhydrate. Eiweißstoffe, die bis zum Harnstoff (und nicht bis zum Stickstoff wie in Kalorimeterbomben) abgebaut werden, weisen geringere Werte auf. Als vereinfachte Werte für die Praxis werden heute 4 kcal (17 kJ)

Die Chemie des Lebens. Georg Schwedt
Copyright © 2011 WILEY-VCH Verlag GmbH & Co. KGaA, Weinheim

für Kohlenhydrate und Eiweißstoffe sowie 9 kcal bzw. 38 kJ für Fette je Gramm verwendet.

Kohlenhydrate und *Fette* sind in erster Linie *Energielieferanten*, werden aber auch zum Aufbau der Zellwände benötigt. *Eiweißstoffe* sind *Baustofflieferanten*, die nur in Hungerzuständen auch zur Energiegewinnung verwendet werden. Baustoffe des Körpers sind außerdem Mineralstoffe wie Calcium und Phosphor (als Phosphat) und Wasser.

Kohlenhydrate

Das Spektrum der mit der Nahrung aufgenommenen Kohlenhydrate reicht vom Polysaccharid Stärke bis zum Monosaccharid Glucose. Es können jedoch nur Monosaccharide resorbiert werden. Die Aufspaltung der Stärke beginnt im Mund durch die Wirkung der *Speichelamylase*, wobei Maltose und Isomaltose (Disaccharide) entstehen. Dafür, Stärke und auch Saccharose sowie Lactose aus der Nahrung zu spalten, sind spezifische, membrangebundene Disaccharidasen zuständig. Mucosazellen (Mucosa = Schleimhaut) im Mund werden ständig abgestoßen, und so findet diese enzymatische Reaktion auch im Darmlumen statt. Der Weg der Glucose in die Mucosazelle und von dort in das Blut erfolgt aktiv gegen einen Konzentrationsgradienten. Ein *Carriermolekül* (s. Abschnitt 2.6) bindet Glucose und Natriumionen (1:1), wandert so durch die Membran und gelangt von dort zu etwa 75 % aktiv mit Hilfe eines Transportproteins sowie zu 25 % durch passive Diffusion in das Blut. Im Unterschied zur Glucose wird die *Fructose* passiv resorbiert, nur an der Lumenseite (zum Blut) ist ein spezifisches Transportprotein behilflich. *Galactose* wird ähnlich wie die Glucose resorbiert und konkurriert dabei um das Transportsystem der Glucose. Beide Monosaccharide werden wesentlich schneller als die Fructose (schneller auch als Zuckeralkohole) resorbiert. Sie gelangen in die Leber, wo auch Fructose und Galactose enzymatisch in Glucose umgewandelt werden. Höhere Kohlenhydrate werden auf dem Weg zur Leber im Mund, im Magen, in der Bauchspeicheldrüse und schließlich im Dünndarm durch Pankreasamylase in die Grundbausteine gespalten. Aus dem Dünndarm können nach jeder Mahlzeit in einem Zeitraum von drei Stunden 100 g Glucose und 20 g Fructose in das Blut übergehen. In der Leber wird Glucose zu Glucose-6-Phosphat (G-6-P) phosphoryliert, das die Zellmembran nicht mehr durchdringen kann. Zur Speicherung als *Glykogen*, einem verzweigten Hochpolymer der Glucose (ähnlich wie das pflanzliche Amylopectin), wird mit Hilfe von Uridintriphosphat (UTP – Uridin ist ein Ribonucleosid) eine aktivierte Form, die UDP-Glucose (Uridindiphosphat), gebildet. Danach sind Übertragungen weitere Glucosemoleküle mit Hilfe der Glykogen-Synthase möglich, bis eine Kettenlänge von mehr als elf Resten erreicht ist. Ein sogenanntes verzweigendes Enzym kann ein Oligosaccharid aus sechs bis sieben Resten abspalten und im Inneren des Restes wieder anfügen. Diese Verzweigungen werden dann durch die Glycogen-Synthase weiter ausgebaut. Ohne auf Einzelheiten (Rolle von Insulin s. Abschnitt 4.2) einzugehen, lässt sich die Verteilung der Glucose nach den beschriebenen Wegen wie folgt angeben: Ein weiterer Teil der Glucose wird nach dem Passieren der Leber über den Blutstrom in verschiedene Gewebe transportiert. In der Muskulatur erfolgt eine Speicherung der nicht sofort (also nicht zur Energiegewinnung für die Zellen des Zentralnervensystems und für die roten Blutkörperchen) benötigten Menge Glucose als Muskelglykogen mit insgesamt ca. 150 g (bis 200 g – abhängig von der Muskelmasse). Hier ist somit eine weitere Energiereserve vorhanden. Sind diese beiden begrenzt aufnahmefähigen Speicher besetzt, so wird die überschüssige Glucose in der Leber bzw. im Fettgewebe zu Fetten umgebaut (ein eher ineffektiver Prozess, wobei Kohlenhydratenergie verloren geht) und dann im Fettgewebe gespeichert. Die gesamte Verteilung von 600–700 g Kohlenhydraten in unserem Organismus lässt sich wie folgt angeben: Muskelglykogen mit 150–200 g, Leberglykogen mit 30–150 g, Gewebsglucose mit 20–30 g, Blutglucose mit ca. 5 g – sie alle dienen der Energiegewinnung und als Energiereserve. Die übrigen Kohlenhydrate, etwa weitere 300 g, befinden sich als Baustoffe im Skelett, in den Schleimstoffen und in speziellen Körpersubstanzen (wie dem Heparin – s. Abschnitt 3.5), in blutgruppenspezifischen Substanzen und auch im Immunsystem.

Lipide

Fettsäuren sind nicht nur Energielieferanten, sondern auch strukturgebende Komponenten der *Lipide* (z. B. in Membranen) und Transportmittel für Vitamine (s. Abschnitt 4.2.2). Säugetiere sind zwar zur Eigensynthese von Fettsäuren befähigt, Bausteine mit Doppelbindungen nach dem 9. Kohlenstoffatom können sie jedoch nicht mehr anfügen. Daher sind langkettige, mehrfach ungesättigte Fettsäuren (Arachidonsäure, Linolsäure und α-Linolensäure) essenziell. Die C-20-Säure *Arachidonsäure* als wichtigste essenzielle Fettsäure kann von Säugetieren aus den beiden anderen essenziellen C-18-Säuren durch Kettenverlängerung aufgebaut werden. Bei der Nahrungsaufnahme gelangt die sogenannte *Zungengrundlipase* in den Speisebrei im Magen (*Chymus*). Sie ist bei niedrigem pH-Werten aktiv und spaltet bevorzugt kurzkettige Fettsäuren aus Milchfett-Triglyceriden ab. Im Magen erfolgt eine Durchmischung mit Enzymen (auch einer Magenlipase) und Zerkleinerung der Fettpartikel, sodass nach der Magenpassage eine Emulsion ins *Duodenum* (Zwölffingerdarm) gelangt und dort mit *Pankreassaft* und *Galle* vermischt wird. Kurzkettige Fettsäuren können bereits in das venöse Blut des Magens aufgenommen werden. Im Duodenum gelangen *Gallensäuren* an die Fettpartikel, verursachen eine negative Oberflächenladung und so kann das Enzym *Colipase* an Triglyceride binden, die wiederum durch Gallensäure gehemmte *Pankreaslipase* aufnimmt. Es setzt eine fortschreitende Hydrolyse ein, an der eine Vielzahl von Pankreasenzymen (auch durch Calcium-Ionen gefördert) beteiligt ist. Die durch Hydrolyse gebildeten Spaltprodukte in Form gemischter Micellen werden passiv in die Mucosazellen des Darms aufgenommen. Damit beginnt ein *intrazellulärer Metabolismus*. Es werden Lipoproteine gebildet, die als *Chylomikronen* an das Lymphsystem abgegeben werden. Chylomikronen sind tropfenförmige Fettpartikel, die im endoplasmatischen Reticulum (s. Abschnitt 2.2) der Epithelzellen des Darms (Enterocyten) gebildet werden. Sie stellen die Transportform sowohl für veresterte Fettsäuren als auch für fettlösliche Vitamine (und Arzneimittel) dar. Die weißlich trübe Farbe der Lymphe wird durch die Chylomikronen verursacht. Lipoproteine werden nach ihrer Dichte in VLDL (Very low-), LDL (Low-) bis HDL (High Density Lipoprotein) unterschieden. LDL-Partikel stellen die Transportform von *Cholesterol* (Cholesterin) dar. Cholesterol als wesentlicher Bestandteil der zellulären Membranen regelt deren Fluidität. Bei einem hohen Cholesterol-Plasmaspiegel besteht infolge von Veränderungen an den arteriellen Gefäßwänden und deren Verkalkung ein Zusammenhang mit der Entstehung von Arteriosklerose.

Die biologische Rolle der Lipide lässt sich aus biochemischer Sicht (bei aller Komplexität der Einzelschritte – von der Lipidverdauung über die Resorption, den Transport, die spezielle Bedeutung von LDL und HDL, Biosynthese von Cholesterol, Fettsäuremetabolismus bis zu den regulatorischen Funktionen in der Membranstruktur) wie folgt zusammenfassen:

Als *Energieträger* sind Lipide mengenmäßig die wichtigste Energiereserve. Als Lipidtröpfchen werden sie innerhalb der Zellen abgelagert, in den Mitochondrien (s. Abschnitt 2.2) werden sie unter Sauerstoffverbrauch zur Wasser und Kohlenstoffdioxid oxidiert. Dabei wird ATP erzeugt. Den Zellen dienen Lipide als *Baustoffe* zum Aufbau der Membranen; typische Membranlipide sind Phospholipide, Glykolipide und das Cholesterol. Lipide sind auch *Isolatoren* (sie dienen zur thermischen Isolierung im subkutanen Gewebe der Säugetiere und als Hauptbestandteil der Zellmembranen zur Isolierung der Zellen) und ermöglichen den Aufbau eines elektrischen Membranpotenzials.

Proteine

Die Bezeichnung *Proteine* (griech. *proteno*,»ich nehme den ersten Platz ein«) stammt von Jöns Jacob *Berzelius* (1779–1848) und Gerardus Johannes *Mulder* (1802–1880, ab 1840 Professor für Chemie in Utrecht). Berzelius, der u.a. 1812 Casein aus Milch isolierte, bezeichnete alle stickstoffhaltigen Substanzen in Lebensmitteln als Proteine. Mulder entwickelte ab 1838 seine *Mulder'sche Proteintheorie*, nach der die im Tierreich entstehenden Substanzen Albumin und Fibrin die gleichen Bestandteile aufweisen wie das pflanzliche Fibrin, Casein (Legumin) und Albumin, nämlich Kohlenstoff, Wasserstoff, Stickstoff und Sauerstoff. Die Theorie wurde zunächst von Justus von *Liebig* (1803–1873) und Berzelius unterstützt. Liebig lehnte sie jedoch später ab, da er auch Schwefel als Bestandteile von Proteinen fand.

20 Aminosäuren (ausschließlich L-Aminosäuren, D-Enantiomere sind nicht biologisch aktiv) sind am endogenen Aufbau, der *Translation*, endogener (körpereigener) Proteine beteiligt. Die *Verdauung* der Proteine beginnt erst im Magen durch die *Pepsine* als Endopeptidasen (Spaltung innerhalb des Moleküls), die Peptidbindungen spalten, an denen Phenylalanin- oder Trypsinreste beteiligt sind. Pepsine werden erst bei niedrigem pH-Wert aus den Vorstufen, den Pepsinogenen, aktiviert. Im Duodenum werden sie infolge des ansteigenden pH-Wertes inaktiviert. Dort wirken dann *Endo-* und *Carboxypeptidasen* (Spaltung vom Carboxyl-Ende) des Pankreas, von wo sie ebenfalls als inaktive Vorstufen sezerniert (abgegeben) werden. An der *Bürstensaummembran* der Mucosazellen befinden sich weitere proteinspaltende Enzyme, sodass hier (wie auch bei den Kohlenhydraten) die

letzten Schritte der Verdauung stattfinden. Die aus dem Pankreas stammende inaktive Vorstufe Trypsinogen wird durch das Bürstensaumenzym *Enteropeptidase* zu *Trypsin* aktiviert. Trypsin kann autokatalytisch seine Konzentration erhöhen und andere Enzymvorstufen in ihre aktive Form überführen, etwa Chymotrypsinogen in *Chymotrypsin*, das aromatische Aminosäuren angreift. Trypsin selbst hydrolysiert Peptidbindungen, an denen Arginin und Lysin beteiligt sind. In der Bürstensaummembran sind auch spezielle Enzyme wie Amino- und Dipeptidasen lokalisiert. Die zelluläre Aufnahme erfolgt danach durch verschiedene *Carrierproteine,* die spezifisch für bestimmte Aminosäuregruppen wirken. Kleinere Peptide können ebenfalls in Mucosazellen durch unspezifische Carrier eingeschleust und dort intrazellulär hydrolysiert werden. Als essenziell wurden bisher acht Aminosäuren bezeichnet, von denen nach neueren Forschungen sechs jedoch auch aus Ketosäuren endogen synthetisiert werden können. Nur *Lysin* und *Threonin* gelten als *eigentliche essenzielle Aminosäuren.*

Die Funktionen der mit der Nahrung aufgenommenen Proteine lassen sich wie folgt benennen: Als *Strukturproteine* sorgen sie für die mechanische Stabilität von Organen und Gewebe. Sie bilden lange Aminosäureketten mit einer faserartigen Struktur. Das Strukturprotein *Collagen* macht ein Drittel der gesamten Proteinmasse des Menschen aus. Die zweite Funktion von Proteinen ist der *Transport* zahlreicher Substanzen im Plasma, in der Zelle und vor allem durch Zellmembranen hindurch – von reversibel gebundenen Gasen (an Hämoglobin in den Erythrocyten), in Wasser schlecht löslichen, aber fettlöslichen Substanzen (wie Vitaminen) bis zu polaren Molekülen durch unpolare Grenzschichten wie die Ionenkanäle in Doppellipidmembranen. Außerdem wirken sie in den Systemen von *Abwehr-* und *Schutzmechanismen* als Immunoglobuline. Weiterhin sind sie in zellulären Rezeptoren wie Insulin für Vorgänge der *Steuerung* und *Regelung* von Bedeutung; schließlich wären ohne die DNA-codierten *Enzyme* metabolische Vorgänge insgesamt nicht möglich. Die wichtigsten Charakteristika des *Proteinmetabolismus* sind – ohne Differenzierung der Einzelvorgänge – die Kompartimentierung der freien Aminosäuren in verschiedenen *Aminosäure-Pools* und der *hohe Proteinumsatz* infolge der Erneuerung der Darmmucosa, des Auf- und Abbaus der Plasmaproteine und der Blutzellen. 70–80 % der freien Aminosäuren sind in der Skelettmuskulatur gespeichert. Diese *intrazelluläre*

Kumulation freier Aminosäuren wird auch als einer der ersten Regulationsschritte im Aminosäuren-Metabolismus bezeichnet. Aminosäuren werden nicht nur zur *Synthese körpereigener Proteine*, sondern auch als Vorstufen vieler biologisch aktiver Substanzen benötigt – beispielsweise von Hormonen wie Thyroidhormone, Adrenalin und Transmittersubstanzen wie Noradrenalin, Acetylcholin. Als zentraler Ort der *Regulation* wirkt die Leber. Dort wird ein großer Teil der ankommenden Aminosäuren in Form von Harnstoff beseitigt sowie ein Drittel zu Leber- und Plasmaproteinen aufgebaut.

Die Biosynthese der Proteine (*Translation*) läuft ebenso wie die Aminosäure-Aktivierung im Cytoplasma (s. Abschnitt 2.2) ab. Die wichtigsten grundlegenden Vorgänge lassen sich vereinfacht wie folgt benennen: Komplexe Nucleoproteinpartikel, die *Ribosomen*, katalysieren die Translation. Zellen mit intensiver Proteinsynthese weisen Ribosomen perlschnurartig aufgereiht als *Polysomen* auf. Die Translation läuft in mehreren Schritten ab. Schon die erste Phase, die *Initiation*, umfasst mehrere Teilschritte: Zunächst binden zwei Proteine (Initialfaktoren) an eine Untereinheit, ein weiterer Faktor dann an GTP (Guanidin-triphosphat). Am Ende gibt es noch eine unbesetzte Bindungsstelle, die *Akzeptorstelle*, und es folgen weitere Schritte der *Elongation* sowie *Termination*. In der Phase der Elongation wird die wachsende Peptidkette um weitere Aminosäurereste verlängert. Wird ein sogenannten *Stop-Codon* auf der mRNA (messenger-RNA) erreicht, bricht der Prozess ab (Termination). Ein *Releasing-Faktor* katalysiert die hydrolytische Spaltung der Ester-Bindung zwischen tRNA (transfer-RNA) und dem C-Terminal der Peptidkette und setzt damit das synthetisierte Protein frei. Die mRNA entsteht als Kopie der Desoxyribonucleinsäure (DNA) und enthält die genetischen Informationen für die Proteinbiosynthese in Form von Codons, die anschließend von tRNA abgelesen werden (Einzelheiten s. Abschnitt 4.3).

Fasst man diese komplexen Vorgänge der Energie- und Baustoffgewinnung aus der Nahrung im Körper von Säugetieren zusammen, so stellt man fest, dass es sich generell um vielstufige biochemische Prozesse handelt, durch die Nahrungsbestandteile ab- und umgebaut werden. Jeder lebende Organismus ist eine sich *in ständigem Betrieb befindende chemische Fabrik*.

3.2 Chemie vom Mund bis in den Darm

Dem Stand der Wissenschaft sei jeweils ein kurzer Ausschnitt aus dem *Brockhaus*-«Bilder-Conversations-Lexikon...(und) Handbuch zur Verbreitung gemeinnütziger Kenntnisse und zur Unterhaltung« (1837–1841) bzw. aus »Johnstons Chemie des täglichen Lebens« (1887) als teils amüsante, teils historische Einführung vorangestellt.

Über den Mund-*Speichel* lesen wir im frühen »Brockhaus« (Dritter Band 1839):

> »Speichel heißt die durchsichtige, etwas zähe, geruch- und geschmack-lose Flüssigkeit, welche von den in der Umgebung der Mundhöhle ge-legenen Speicheldrüsen abgesondert wird, sich von da, vorzüglich wäh-rend des Essens und Kauens, durch besondere Ausführungsgänge in die Mundhöhle ergießt, hier sich mit den gerade vorhandenen und durch das Kauen schon mehr oder weniger zerkleinerten Speisen ver-mischt, sie überzieht, einzelne Bestandtheile derselben auflöst und so die Verdauung einleitet. (...) Der Speichel hat von der Natur die Bestim-mung erhalten, verschluckt zu werden, um zur Verdauung der genosse-nen Nahrungsmittel beizutragen ...«

Heute wissen wir, dass die Produktionsstätten des Mundspeichels im Bereich der Mundhöhle die Ohrspeicheldrüse (*Glandula parotis*), die Unterkieferdrüse (*Glandula submandibularis*) und die Unterzun-gendrüse (*Glandula sublingualis*) sind. Auch kleinere Drüsen der Mundhöhle können Speichel entwickeln. In der Mundhöhle befindet sich ein Gemisch der verschiedenen Speichelarten, die eher wässrig (serös) oder mukös (schleimig) sein können. Am Tag werden vom Menschen 0,6–1,5 Liter Speichel sezerniert (als Sekret abgesondert). Ohne Nahrungsaufnahme, als *Basalsekretion*, sind es etwa 0,5 Liter am Tag. Summarisch enthält Speichel 0,5 % gelöste Substanzen. Hauptbestandteile sind (als Ionen) Kalium, Natrium, Calcium, Chlo-rid, Phosphat und Hydrogencarbonat sowie Spuren an Fluorid und Thiocyanat. Als wichtige *Enzyme* sind Lysozym, die α-Amylase Ptya-lin und Aprotinin zu nennen. *Lysozym* ist ein Gemisch aus Hydrola-sen in Form einsträngiger Proteine mit Molmassen zwischen 15 000 und 19 000. Diese spalten Glykosidbindungen zwischen Aminozu-ckerbausteinen, wie sie in Bakterienzellwänden vorkommen, und wirken dadurch bakterizid. *Aprotinin* ist ein aus 58 Aminosäuren auf-gebauter Serin-Proteinase-Inhibitor, kurz *Serpin* genannt, der gegen Blutungen wirkt. Unter den verschiedenen Proteinen befindet sich

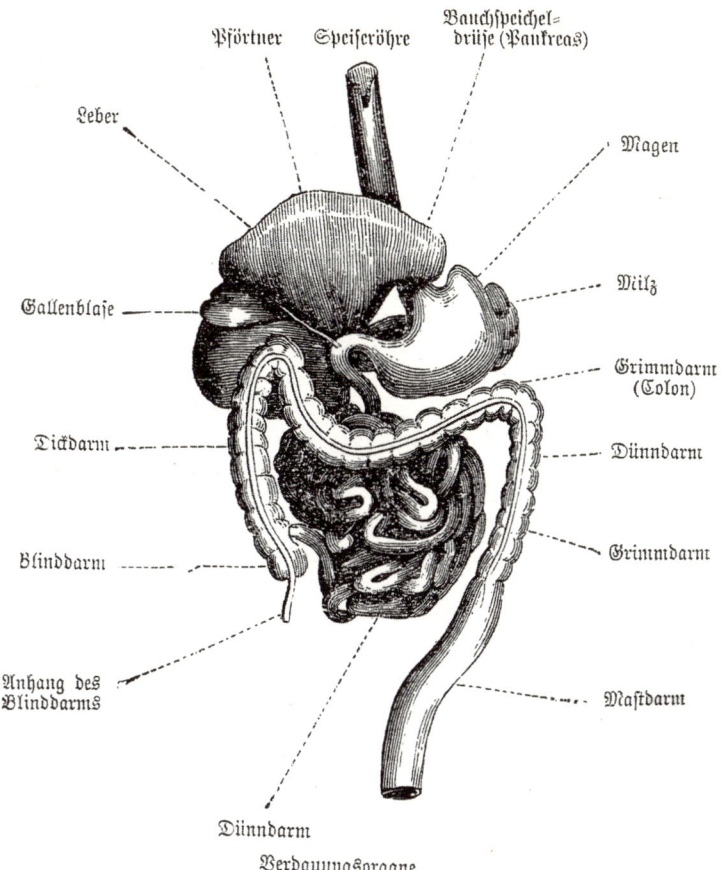

Pförtner   Speiseröhre   Bauchspeichel=
                          drüse (Pankreas)

Leber

Magen

Gallenblase

Milz

Grimmdarm
(Colon)

Dickdarm

Dünndarm

Grimmdarm

Blinddarm

Anhang des
Blinddarms

Maftdarm

Dünndarm
Verdauungsorgane.

Abb. 17 Das Verdauungssystem von der Speiseröhre
bis zum Mastdarm. (Aus: »Johnstons Chemie des täglichen Lebens«, 2. Aufl. 1887.)

auch das Immunglobulin A (*IgA*), das als Antikörper wirkt. Der pH-
Wert des Speichels beträgt im Ruhezustand 6,5–6,9.

Funktion des Speichels ist zunächst die Befeuchtung der Mundhöhle, um Schlucken, Sprechen und Schmecken möglich zu machen. Die im Speichel enthaltenen speziellen Proteine sind zum Beispiel Lysozym, Immunglobin A und *Lactoferrin* (eisenbindendes Protein), eine linguale *Lipase*, der erst beim Eintritt in den Magen aktiviert wird, und Histatin mit antibakterieller Wirkung. Prolinhaltige
Proteine haben Aufgaben bei der Zahnschmelzbildung und Calcium-
bindung auf.

Im Mundspeichel lösen sich Substanzen aus den Nahrungsmitteln, nicht lösliche (auch trockene) Bestandteile werden zu einem feuchten Brei (Chymus) vermischt und sind dann zum Schlucken sowie für die Magenverdauung vorbereitet.

Der weitere Verlauf der Verdauung ist in »Johnstons Chemie des täglichen Lebens« wie folgt beschrieben:

»Aus dem Mund gelangen die Speisen durch die Speiseröhre oder den Schlund, der hinter der Luftröhre liegt (...), zunächst in den Magen. Der Magen ist eine länglich runde Erweiterung des Speisekanals und seine Wände bestehen aus kräftigen, sehr dehnbaren Muskeln. Bei mäßiger Ausdehnung faßt der Magen eines erwachsenen Mannes ungefähr ein bis anderthalb Liter. (...) Da die Wände des Magens das Bestreben haben, sich zusammenzuziehen, so üben sie einen ziemlich starken Druck auf seinen Inhalt aus, der schnell herausgetrieben werden würde, wenn nicht sowohl der Eingang zum Magen, der sogenannte Magenmund, als seine untere Öffnung, der Pförtner, durch starke Muskeln geschlossen wären. Nur wenn die Magenwände heftig gereizt werden, überwinden sie zuweilen die Zusammenziehung des oberen Schließmuskels und es tritt dann Erbrechen ein. Ebenso läßt der Pförtner bei einem gesunden Menschen nur den dünnen Speisebrei durch, in welchen die festen Nahrungsmittel bei allmählicher Verdauung allmählich verwandelt werden.

Diese Auflösung der Speisen im Magen besteht in folgenden Umwandlungen.

Erstens geht ein Teil der Stärke (...) durch die fortwährende Einwirkung des Speichels und insbesondere des darin enthaltenen Pthyalins nach und nach in Zucker über.

Zweitens werden die unlöslichen stickstoffhaltigen Nahrungsmittel, wie z. B. der Kleber und das Fibrin, in löslichen Zustand versetzt, in Pepton [aus Proteinen durch Enzym- und Säurehydrolyse entstandenes Gemisch niedermolekularer, wasserlöslicher Oligo- und Polypeptide] verwandelt oder peptonisiert. Letztere Verwandlung wird hauptsächlich durch den sogenannten Magensaft bewirkt, der (...) von den zahlreichen kleinen Drüsen der inneren Magenschleimhaut ausgesondert wird. Er enthält außer gewissen Salzen (z. B. Kochsalz) eine gewisse Menge freier Salzsäure und einen eigentümlichen organischen Stoff, welcher den Namen Pepsin erhalten hat. (...) Wie nämlich durch die Einwirkung des Ptyalins die Stärke, so wird vermöge des Pepsins der Faserstoff des Fleisches oder das Fibrin vom Magensaft gelöst, eine Wirkung, die durch seinen Gehalt an freier Säure wesentlich unterstützt wird. Ebenso löst der Magensaft geronnenes Eiweiß oder Albumin, unlöslichen Käsestoff oder Kasein und, wenn auch etwas schwieriger, den Kleber unseres Weiß- und Schwarzbrote auf. (...)

Die auf diese Weise in einen dünnen, schwach sauren Brei, den sogenannten Chymus, verwandelten Speisen werden nun vermöge der
wurmförmigen Zusammenziehungen der Magenwände durch den
Pförtner in den Dünndarm getrieben, dessen oberes Ende, weil seine
Länge etwa zwölf Zoll beträgt, Zwölffingerdarm genannt wird. Suppen
oder breiartige Speisen verweilen daher nur kurze Zeit im Magen und
erleiden ihre weiteren Verwandlungen größtenteils erst im Dünndarm.«

Nach heutigem Wissensstand enthält der *Magensaft* 0,5 % Salzsäure (nüchtern), Schleimstoffe, die vor der Selbstverdauung des Magens durch die Salzsäure schützen, das eiweißspaltende Enzym Pepsin und den *Intrinsic Factor* – ein Mucoprotein, das für die Resorption
des Vitamins B_{12} im Darm erforderlich ist. Die Proteinase *Pepsin* wird
im Magen aus einer inaktiven polypeptidischen Vorstufe, dem *Pepsinogen*, durch den Magensaft freigesetzt und besteht mit einer Molmasse von 34500 aus 327 Aminosäureresten und einem Molekül
Phosphorsäure. Neben dem Pepsin A enthält der Magensaft Pepsin B
(aus 332 Aminosäureresten) und Pepsin C, auch *Gastricin* genannt,
aus 298 Aminosäureresten. Pepsine sind Endopeptidasen. Für die
Synthese dieser funktionellen Bestandteile des Magensaftes sind unterschiedliche Zelltypen zuständig – für die Salzsäure und den Intrinsic factor die *Beleg-* oder *Parietalzellen*, für das Pepsinogen die *Haupt-
zellen*. Die *Nebenzellen* produzieren viskosen Schleim aus Pepsin-re-
sistenten Glykoproteinen. Die *Sekretion* wird durch mechanische und
chemische Reizung der Magenwand und durch lokale Hormone des
Verdauungstraktes wie *Gastrin*, *Sekretin* und *Histamin* sowie auch
durch nervöse Reflexe stimuliert und reguliert. *Sekretin* als gastrointe-
sinales Peptid-Hormon wirkt auf das Pankreas (die Bauchspeicheldrüse) ein und regt es zur Produktion von Hydrogencarbonat und
zur Sekretion von Insulin an. Die Sekretion der Salzsäure aus den Be-
legzellen ist ein komplexer, energieintensiver Vorgang: Das Enzym
Carboanhydrase katalysiert die Bildung von Oxonium-Ionen in den
Zellen. Dann erfolgt ein Austausch der Oxonium- gegen Kalium-
Ionen mit Hilfe einer H^+/K^+-ATPase. Gebildete Hydrogencarbonat-
Ionen werden gegen Chlorid-Ionen aus dem Blutplasma ausgetauscht. Mittels passiver Transportmechanismen erfolgt dann eine
Rezirkulation von Kalium-Ionen und gleichzeitige Abgabe von Chlo-
rid-Ionen in den Magen.

Folgen wir nun dem weiteren Verlauf der Nahrung anhand des
Textes in »Johnstons Chemie des täglichen Lebens«:

»Aus dem Mageninhalte werden hauptsächlich die leicht löslichen Stoffe, also die darin enthaltenen Säuren und Salze, der Zucker, die löslichen Eiweißstoffe (Peptone) und der Alkohol direkt in die Blutgefäße aufgenommen, und die Ernährung beginnt daher fast unmittelbar, sobald diese oder ähnliche Stoffe in den Magen gelangt sind. Der größere Teil von ihnen gelangt jedoch in der Regel mit den übrigen noch weiterer Verwandlungen bedürftigen Bestandteilen der Nahrung als Chymus in den Darm.

Ungefähr in der Mitte des Zwölffingerdarms münden neben einander die Ausführungsgänge der Leber und Gallenblase und der Bauchspeicheldrüse. (...) Aus ersterem ergießt sich Galle, aus letzterem Bauchspeichel in den Darm. Außerdem sondern zahlreiche kleine Drüsen in der inneren Darmhaut fortwährend eine bedeutende Menge eines eigentümlichen, halbflüssigen und zähen Schleimes aus, und durch die Zusammenwirkung dieser drei Stoffe wird dann die im Magen begonnene Lösung er Speisen vervollständigt.

Die Galle tilgt zunächst die in dem Speisebrei enthaltene Säure; ihre weitere Wirkung besteht in der Verdauung der Fette. Sie verteilt dieselben in äußerst feinen Tröpfchen zu einer Art Milch, und kann vielleicht auch Fettsäuren durch Bindung von Natron in lösliche Seifen verwandeln; außerdem bewirkt sie eine reichlichere Aussonderung des Darmschleims, regt den Darmkanal zu kräftigerer Bewegung an, und macht, daß der Speisebrei nicht so leicht in die faule Gärung übergeht, die sich durch Blähungen und Durchfall äußert.

Der Bauchspeichel ist dem Speichel des Mundes nicht bloß dem äußeren Ansehen sehr ähnlich, sondern enthält wie dieser Salze und einen eigentümlichen, wiewohl vom Ptyalin verschiedenen Stoff, der die Fähigkeit hat, Stärke in Zucker zu verwandeln; (...) Hauptsächlich wirkt jedoch der Bauchspeichel ähnlich der Galle auf das Fett, welches durch ihn feiner zerteilt wird und so dem Speisebrei ein milchiges Aussehen giebt. Endlich werden durch den Bauchspeichel auch noch eiweißartige Stoffe gelöst und verdaut.«

Die frühe Ausgabe des »Brockhaus« (Zweiter Band 1838) beschreibt die Galle wie folgt:

»Galle, eine von der Leber abgesonderte dunkelgelbe und etwas zähe Flüssigkeit von bitterem Geschmack, die im Wasser auflöslich ist, einer geringen Menge gelber Materie, Eiweiß, einer Art Harz und verschiedenen Salzen besteht. (...) Die Galle ist ein wesentliches Beförderungsmittel der Verdauung, indem sie sich in den sogenannten Zwölffingerdarm ergießt, daselbst mit dem Speisebrei mischt, zur Verwandlung desselben in Speisesaft und dadurch wieder mittelbar zur Ernährung des Körpers beträgt. Sie erleichtert ferner durch Reiz, den sie auf die

Darmwandungen ausübt, die Thätigkeit der Därme, und dient endlich auch zur Aufnahme mancher unbrauchbarer Stoffe aus dem Blute ...«

In der physiologischen Chemie (bzw. Biochemie) wird die *Galle* als eine zähe Körperflüssigkeit beschrieben, die in der Leber (den Hepatocyten) produziert, in der Gallenblase gespeichert und zu den Mahlzeiten in den Zwölffingerdarm (*Duodenum*) ausgeschüttet wird. Inhaltsstoffe der Galle sind anorganische Elektrolyte (Natrium-, Kalium-, Chlorid- und Hydrogencarbonat-Ionen, pH 8,0 – 8,5) in ähnlicher Zusammensetzung wie im Blutplasma, Salze der *Gallensäuren* (organische Säuren mit einem Steroidgerüst, auch als Konjugate mit Aminosäuren wie Glycin oder Taurin) mit 12 % sowie alkalische Phosphatasen, Lecithin, andere Phospholipide und Abbauprodukte aus der Leber bzw. Milz wie das gelbe bis rote Bilirubin (Abbauprodukt des Hämoglobins). Der Gallenfarbstoff Bilirubin wird im Darm durch Bakterien weiter abgebaut und erzeugt im Stuhl die charakteristische Färbung. Die Hepatocyten entnehmen die konjugierten Gallensalze aus mikroskopisch kleinen Blutgefäßen, den *Sinusoiden*, die Blut zu den Hepatocyten transportieren. Transportproteine (Carrier) speziell für Gallensalze sind in den Sinusoiden und in den Zellmembranen der Gallenkanälchen vorhanden, die sich jeweils zwischen zwei Sinusoiden befinden. Die Gallensalze werden aus den Sinusoiden durch ein Natrium-Symport-Protein aufgenommen und mit Hilfe eines ATP-abhängigen Transporters in das Lumen der Gallenkanälchen ausgeschieden. Wenn mit der Nahrung Lipide in den Dünndarm gelangen, wird die Produktion eines Hormons (Cholecystokinin – CCK) in der Dünndarmschleimhaut angeregt. CCK stimuliert die sogenannte glatte Muskulatur in der Organwand der Gallenblase, in der die Galle gespeichert ist. Die Gallenblase zieht sich zusammen und ihr Inhalt wird so dem Speisebrei im Duodenum zugemischt. Die Gallensalze bilden mit den wasserunlöslichen Bestandteilen der Nahrung Micellen und ermöglichen so deren Transport in das Blut.

Die Forschungsgeschichte zur *Bauchspeicheldrüse* (Pankreas) nennt viele Namen. Sie beginnt mit dem griechischen Arzt und Anatomen *Herophilos* von Chalkedon (um 330–320 bis um 260–250 v. Chr.), der vermutlich als Erster das Pankreas beschrieb – seine Schriften wurden uns durch den griechisch-römischen Arzt Claudius *Galen* (129–199 n. Chr.) bekannt. Die älteste erhaltene Zeichnung der

Bauchspeicheldrüse stammt von Bartolomeo *Eustachi* (1520–1574 – nach ihm ist die Eustachi-Röhre zwischen Nasen-Rachen-Raum und Mittelohr benannt).

Von Marcello *Malpighi* (1628–1694, italienischer Arzt, Anatom und Physiologe) stammt die Erkenntnis, dass das Sekret den Nahrungsbrei im Darm chemische verändert – worin das Postulat enthalten ist, dass Nahrungsbestandteile durch Pankreasenzyme gespalten werden.

Das *Pankreas* ist eine exokrine Drüse, die Verdauungsenzyme in den Zwölffingerdarm abgibt. Als zugleich endokrine Drüse bildet sie auch Hormone, die in der Langerhans-Insel gebildet werden – so die Hormone Insulin und Glucagon zur Regulation des Blutzuckerspiegels. Der endokrine Anteil wurde 1869 von Paul *Langerhans* (1847–1888, Schüler von Virchow) entdeckt. Unterschiedliche Zellenarten produzieren Glucagon (Peptid-Hormon, Gegenspieler des Insulins, in den α-Zellen), Insulin (β-Zellen), Somatostatin (Tetradecapeptid, wirkt hemmend auf die Sekretion vieler Verdauungshormon, in den δ-Zellen), ein pankreatisches Polypeptid (in den PP-Zellen) und Ghrelin (für Growth Hormone Release Inducing, appetitanregendes Hormon, in den ϵ-Zellen). Aus der endokrinen Drüse gelangen Vorstufen eiweißspaltender Enzyme (Trypsinogen, Chymotrypsinogen, Procarboxypeptidasen, Proelastase), α-Amylase, Ribo- und Desoxyribonucleasen und Lipasen in den Zwölffingerdarm.

Über den weiteren Weg der Nahrung berichtet »Johnstons Chemie des täglichen Lebens«:

»Der Darmschleim hat ebenfalls die Eigenschaft, daß er Stärke in Zucker verwandelt, und befördert insbesondere die Wirkung des Bauchspeichels auf das Fett und das Eiweiß.

Überhaupt geht die Lösung der verschiedenen Nahrungsstoffe weit rascher und vollständiger vor sich, wenn man sie mit einer Mischung aller oben genannten Flüssigkeiten, als wenn man sie mit einer allein behandelt. Diese Stoffe unterstützen sich gegenseitig in ihrer chemischen Wirkung, und eine Mischung von Speichel, Magensaft, Darmschleim, Galle und Bauchspeichel ist auf diese Weise gewissermaßen ein Universallösemittel für Alles, was die Speisen an nahrhaften Substanzen enthalten.«

In der heutigen Fachsprache würden wir den Inhalt dieses Textes wie folgt übersetzen:

>>Der Chymus wird mit dem duodenalen Verdauungssaft, der sich aus Pankreassaft, Gallenflüssigkeit und Duodenalsaft zusammensetzt, vermischt. Im Dünndarm wird die Nahrung zu Ende verdaut und die gebildeten Spaltprodukte absorbiert.<< (Elmadfa/Leitzmann 2004)

Die Funktion des *Darmes* (Dünn- und Dickdarm) wird vom >>Brockhaus<< (Erster Band 1837) mit folgendem Satz beschrieben:

>>Die Verrichtung des eigentlich sogenannten Darmkanals ist, dem aus dem Magen in ihn übergehenden Speisebrei die zur Ernährung des Körpers tauglichen Bestandtheile zu entziehen, und die zu diesem Zwecke untauglichen Stoffe, indem er sie durch seine steten wurmförmigen Bewegungen allmälig bis in den Mastdarm befördert, aus dem Körper zu schaffen.<<

Über die Vorgänge im *Dünndarm* berichtet >>Johnstons Chemie des täglichen Lebens<<:

>>Nicht aller Nahrungsstoff, der im Dünndarm aufgesogen wird, gelangt (...) in das Blut, sondern dieses nimmt einen Teil davon unmittelbar aus dem Speisebrei auf. Wie im Magen, so verbreitet sich auf der inneren Fläche des Dünndarms ein Netz von kleinen Blutäderchen oder Venen, durch deren dünne Wände (...) ein fortwährender Austausch zwischen den sie von beiden Seiten benetzenden verschiedenartigen Flüssigkeiten stattfinden muß. Auch hier treten wie im Magen die leicht auflöslichen Stoffe vorzugsweise in die Blutgefäße, (...).<<

Die wesentlichen Vorgänge im Dünndarm lassen sich nach dem heutigen Stand des Wissens wie folgt zusammenfassen (nach Elmadfa/Leitzmann):

Die Absorption der *Kohlenhydrate* wird durch die Wirkung der Pankreas-α-Amylase fortgesetzt, Spaltprodukte werden mittels der an der Außenseite der Bürstensaummukosa lokalisierten Enzyme (Saccharase, Lactase, Maltase, Isomaltase) weiter abgebaut. Fructose wird entweder aktiv transportiert oder nach deren Umwandlung in Glucose. Galactose und Glucose wurden natriumabhängig mit Hilfe eines Carriers transportiert.

Proteine werden durch die kombinierte Einwirkung proteolytischer Enzyme zu absorptionsfähigen Aminosäuren abgebaut. Über die Mucosazellen gelangen sie in die Blutbahn.

Fette werden für die Verdauung und Absorption durch Pankreaslipasen und Gallensäuren vorbereitet. Die Pankreaslipasen spalten aus Triglyceriden freie Fettsäuren ab, wobei primär β-Monoglyceride entstehen, nur zu einem geringeren Anteil auch Diglyceride und Glycerin. Die besondere Bedeutung der β-Monoglyceride und der Gallensäuren für die Fettabsorption besteht darin, dass sie befähigt sind, Micellen zu bilden, in denen weitere wasserunlösliche Substanzen wie Cholesterol, fettlösliche Vitamine, langkettige Fettsäuren transportiert, d.h. von den Mucosazellen aufgenommen werden können. In den Mucosazellen werden β-Monoglyceride weiter aufgespalten und die freien Fettsäuren mit α-Glycerophosphat reverestert. Aus Triglyceriden entstehen zusammen mit Proteinen, Phospholipiden, Cholesterol, Cholesterolestern die *Chylomikronen*, die im Blut und über die Lymphe abtransportiert werden.

Einen Überblick über den Gesamtstoffwechsel von Kohlenhydraten, Proteinen und Lipiden vermittelt das folgende Schema.

Monomere im Gesamtstoffwechsel sind Glucose, Aminosäuren, Fettsäuren und Glycerin. Sie werden zum gemeinsamen Zwischenprodukt *Acetyl-CoA* mit seiner Schlüsselrolle bei Acetylierungen, im Citronensäure-Zyklus und bei der Fettsäuresynthese abgebaut. Weiterhin sind im Schema die energieübertragenden Prozesse, die Glykolyse, die oxidative Phosphorylierung und die Bedeutung des Pyruvats dargestellt. Die oxidative Phosphorylierung liefert Wasser und ATP, aus der Acetylgruppe wird im Citronensäurezyklus (unter gleichzeitiger Reduktion von NAD^+ und FAD durch Sauerstoff) Kohlenstoffdioxid (s. auch Abb. 18).

Über den Abschluss der Verdauung berichtet »Johnstons Chemie des täglichen Lebens« (1887) wie folgt:

»Durch den Darmkanal werden außer den nicht aufgesogenen und unverdauten Speiseresten, deren Menge und Natur von der Menge und Art der aufgenommenen Nahrung, und von der Verdauungskraft und Aufsaugungsfähigkeit der Verdauungswerkzeug abhängt, auch noch Reste der Galle und anderer Verdauungssäfte ausgeschieden. Fleisch, tierisches Eiweiß, Fett, Zucker und aufgeschlossene d.h. von unverdaulichen Umhüllungen befreite und in Zucker oder dessen Vorstufen umgewandelte Mehlstoffe werden, wie früher ausgeführt ist, ziemlich vollständig aufgelöst und aufgesogen, sofern sie nicht in zu großen Mengen eingeführt waren.

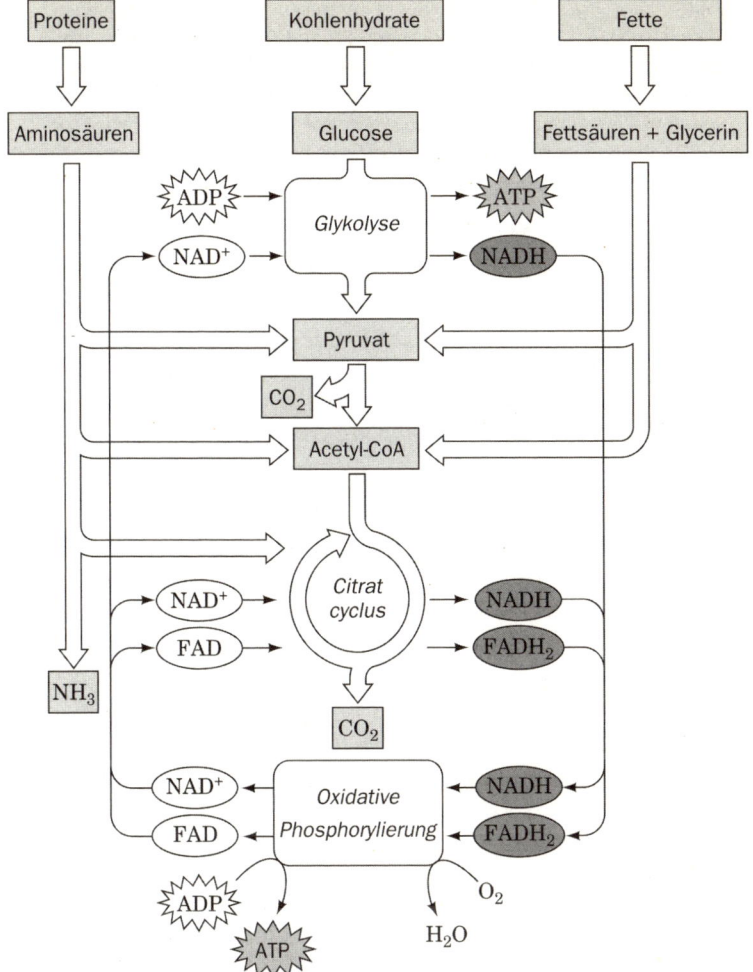

Abb. 18 Die wichtigsten Stoffwechselwege im Überblick. (Aus: Voet/Voet/Pratt: »Lehrbuch der Biochemie« 2002, Abb. 13-2, S. 377.)

Die nicht aufgesogenen Stoffe gehen im Darmkanal Zersetzungen ein, bei denen die zusammengesetzteren sich allmählich in einfachere chemische Verbindungen zerlegen. So scheidet z. B. der Schwefel aus der Galle und aus gewissen Salzen sich aus und bildet mit dem ebenfalls frei werdenden Wasserstoff das nur aus diesen beiden Elementen zusammengesetzte Schwefelwasserstoffgas; (...) stickstoffhaltige Körper bilden Ammoniakverbindungen, deren Grundlage, das Ammoniak, aus Stickstoff und Wasserstoff besteht; aus den Kohlehydraten entstehen

Milchsäure, Buttersäure und andere chemische Verbindungen. Neben diesen meistens sehr übel riechenden Stoffen (deren Erscheinen also in der Regel anzeigt, daß mehr Speisen eingeführt sind, als die Verdauungswerkzeuge ordentlich zu verdauen vermögen), entstehen noch besondere Zersetzungsprodukte, die dem Kot seinen eigentümlichen Geruch verleihen und die erst außerhalb des Körpers wieder in einfachere chemische Verbindungen oder in ihre Elemente zerfallen.«

Im *Colon,* dem *Dickdarm* der Säugetiere, werden dem Chymus Elektrolyte und Wasser entzogen (reabsorbiert). Darmbakterien bauen nicht absorbierbare Nahrungsbestandteile wie Cellulose und auch spezielle Proteine teilweise ab, die dann als Fäces ausgeschieden werden. Weitere Funktionen der Bakterienflora im Dickdarm sind die Synthese von Vitaminen, die aber nicht oder nur teilweise absorbiert werden können. Bakterielle Abbauprodukte sind weiterhin Gase (Methan, Kohlenstoffdioxid, Wasserstoff) aus unverdaulichen Kohlenhydraten (Ballaststoffe) sowie flüchtige niedermolekulare Säuren (Milch-, Essig-, Buttersäure). Die Säuren werden bis zur Hälfte absorbiert und können im Körper in Energie umgesetzt werden. Aus Proteinen und Aminosäuren entstehen im Dickdarm biogene Amine. Nicht absorbiertes Cholesterin und Gallenfarbstoffe werden ebenfalls umgewandelt und ausgeschieden.

3.3 In den vier Mägen der *Wiederkäuer*

Unter dem Stichwort ist im volkstümlichen »Brockhaus« (Vierter Band 1841) u. a. zu lesen:

»*Wiederkäuen* wird die auf dem besonderen Bau des Magens vieler Säugethiere beruhende, eigenthümliche Einrichtung der Verdauung genannt, vermöge der die verschluckten Nahrungsmittel in kleinen Mengen wieder in das Maul zurückkommen, hier nochmals gekaut und zum zweiten Male verschluckt werden. (...) Die Wiederkäuer nähren sich sämmtlich von Pflanzenkost, und haben einen vierfach abgetheilten Magen, dessen größte, zur ersten Aufnahme der nur grob gekauten und mit Speichel vermischten Nahrungsmittel bestimmte Abtheilung der Pansen, Wanst, Wampe heißt, nach der linken Seite liegt und mehr dünnhäutig ist. Aus ihr geht das von Magensaft durchdrungene Futter in die zweite über, welche die Haube, Mütze oder das Netz heißt, und die kleinste ist. Hier werden die festern Theile zu Bissen geformt und nach und nach wieder in das Maul zurückgetrieben, wo sie zum zweiten Male gekaut und mit Speichel vermischt werden und dann wieder verschluckt und in die Psalter, Löser, Blättermagen, Kalender, Mannichfalt genannte Abtheilung übergehen. Diese besteht aus einer Menge häutiger Blätter, deren Anzahl beim Schafe über 40, beim Rindvieh mehr als 100 ist, und zwischen denen die Nahrungsmittel sich lagern, mit einem sauren Magensafte vermischt und in einer gleichartige Masse, den Speisebrei, verwandelt werden. Die Speiseröhre führt zu diesen drei Magenabtheilungen und nachdem das Futter 18-24 St. im Psalter verweilt hat, geht es endlich in die vierte, den Laab- oder Käsemagen, auch Fettmagen, über, welcher dem Magen anderer Thiere gleicht. Die Verdauung des Speisebreies wird in diesem vollendet und hier beginnt die Absonderung des eigentlichen Nahrungssaftes. Flüssiges, dem Kauen nicht unterliegendes Futter und Getränke gehen sogleich in den Psalter und Laabmagen über ...«

Textauszug über den Magen von Wiederkäuern in »Meyers Großes Konversations-Lexikon« (6. Aufl., 20. Band, Bibliographisches Institut, Leipzig und Wien 1908):

»Beim Fressen gelangt das Futter zunächst in den Pansen, von dort in den Netzmagen (innen mit netzartigen Vorsprüngen), wird hier erweicht und durch eine Art Erbrechen wieder in den Mund zurückgeschafft; hier wird es nun gründlich gekaut und geht dann nach Verschluß der Verbindung der Speiseröhre mit dem Pansen direkt in den Blättermagen oder, wo dieser fehlt (wie bei Kamelen, Moschushirschen etc.), in den Labmagen. Im letzteren wird der Magensaft für die Verdauung abgesondert ...«

Im Vergleich zum obigen Lexikon-Text sei ein Ausschnitt aus dem Kapitel »Die Verdauung und Ernährung« aus »Johnstons Chemie des täglichen Lebens« mit der entsprechenden Abbildung zitiert, die noch mehr Details, hier am Beispiel eines Schafes, vermittelt:

»... Bei den Wiederkäuern ist nicht allein der Dickdarm auffallend groß, sondern hat auch der Magen einen zusammengesetzteren Bau. Fig. 125 stellt den vierfachen Magen des Schafes dar.«

»Die Speiseröhre hat oberhalb ihres Eintritts in den dritten Magen einen Längeneinschnitt oder Schlitz, mittelst dessen sie mit dem ersten und zweiten Magen in Verbindung steht. Wenn das Tier flüssige oder breiartige Stoffe verschluckt, so gehen diese unmittelbar in den dritten Magen; unvollkommen gekaute feste Stoffe hingegen drängen due Ränder des Schlitzes auseinander und gelangen so in die ersten beiden Mägen, in welchen sie sich mit den Flüssigkeiten tränken, die fortwährend von deren innerer Schleimhaut abgesondert werden. Nach längerer oder kürzerer Zeit wird dann die erweichte Futtermasse durch regelmäßige Zusammenziehungen der Wände des Pansens und der Haube, sowie der Speiseröhre selbst portionsweis wieder in die Höhe getrieben und noch einmal durchgekaut; und wenn sie nun wieder verschluckt wird, so übt sie auf die Wände der Speiseröhre keinen hinreichenden Druck mehr aus, um den Eingang zum Pansen und der Haube zu öffnen, sondern gleitet direkt in den dritten, und aus diesem in den vierten Magen hinab, in welchem die Bildung des Chymus vollendet wird.«

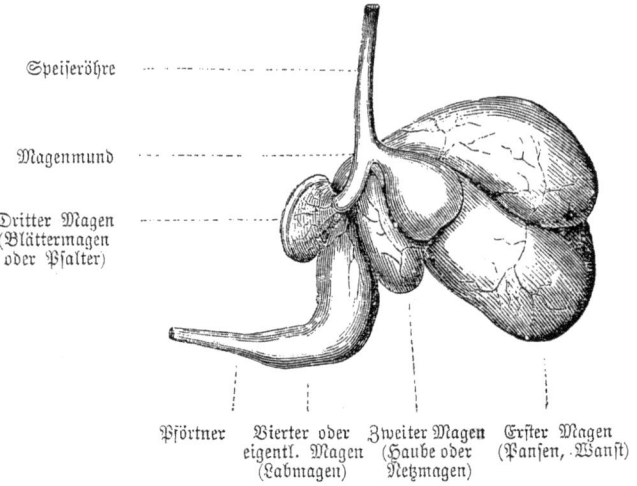

Speiseröhre

Magenmund

Dritter Magen
(Blättermagen
oder Psalter)

Pförtner   Vierter oder   Zweiter Magen   Erster Magen
           eigentl. Magen (Haube oder   (Pansen, Wanst)
           (Labmagen)   Netzmagen)

Abb. 19   Die vier Mägen der Wiederkäuer.
(Aus: »Johnstons Chemie des täglichen Lebens«,
2. Aufl. 1887 – Fig. 125.)

Die einheitlichen Bezeichnungen für die vier in den historischen Texten genannten Wiederkäuermägen sind heute: *Labmagen* (Abomasum), der dem einhöhligen Magen der Monogastrier (als Säugetiere mit nur einem Magen) entspricht; drei vorgeschaltete Mägen, bei denen es sich anatomisch eigentlich um differenzierte Abschnitte einer Speiseröhre handelt – der *Pansen* (Zottenmagen, Rumen), der *Netzmagen* (Retikulum) und der *Blättermagen* (Psalter, Omasus). Der Pansen besitzt noch einen Vorhof, den man als *Schleudermagen* bezeichnet, so dass sich die Zahl der Vormägen auf vier oder der Mägen, die eigentlich die »Speiseröhre« darstellen, bei Wiederkäuern sogar auf fünf erhöht.

In der Zoologie werden die Wiederkäuer (Ruminantia) als Unterordnung der Paarhufer eingeordnet. Sie umfassen insgesamt 145 Arten in fünf Familien (Zwergmoschustiere, Hirsche, Giraffen, Gabelhorntiere, Hornträger), u.a. Ziegen, Schafe, Rinder, Hirsche, Rehe, Rentiere, Antilopen, Kamele, Lamas und Giraffen.

Wir verfolgen nun die Schritte von Nahrungsaufnahme bis zum Erreichen des Labmagens im Einzelnen. Eine grobe Zerkleinerung der pflanzlichen Nahrung erfolgt zunächst beim *Grasen*. Die Nahrung gelangt über den *Schleudermagen* in den *Pansen*, in dem eine Flora von Bakterien, Protozoen und Hefen besteht, mit denen sich der grob zerkleinerte Nahrungsbrei zunächst vermischt. Hier beginnt ein erster Celluloseabbau, der vor allem als Eiweißquelle für die Wiederkäuer dient. In Zeiten eines Eiweißmangels kann ein großer Anteil des normalerweise als Harnstoff ausgeschiedenen Stickstoffs in die Vormägen zurücktransportiert werden. Dort dient er den Mikroorganismen zum Aufbau von hochwertigem Eiweiß, das von den Tieren dann genutzt werden kann. Über den *Harnstoff* (im Körper gebildet oder mit der Nahrung zugeführt) werden die Tiere infolge der *Aminosäure-Biosynthese* der Mikroorganismen ohne Zufuhr von Eiweiß ausreichend versorgt. Von den Mikroorganismen werden auch die meisten der notwendigen wasserlöslichen Vitamine gebildet, sodass durch diese spezielle Symbiose selten Vitaminmangelzustände auftreten.

Die meisten *Kohlenhydrate* werden im *Pansen* durch die Mikroorganismen zu Stoffen abgebaut, die bereits von der Pansenwand resorbiert werden können. Bei dieser *Fermentation* wird beispielsweise *Cellulose* aufgeschlossen (teilweise abgebaut) und energetisch verwertet, was in den Mägen anderer Säugetiere nicht möglich ist. Bei dieser Fermentation (im *Bioreaktor* der Wiederkäuer) entstehen auch Gase, vor allem Kohlenstoffdioxid und Methan (900 Liter pro Tag und Rind – Treibhauseffekt!). Sie sammeln sich im *Netzmagen*, von wo aus sie durch den sogenannten *Ruktus* (Rülpsen) in die Umwelt abgegeben werden.

Eine mechanische Zerkleinerung Durchmischung der Nahrung (Gras, Blätter u. Ä.) erfolgt durch Hin- und Herbewegungen zwischen Pansen und *Netzmagen*. Infolge der Kontraktion des Netzmagens und des Schleudermagens sowie durch rückwärts laufende peristaltische Wellen die übrigen Teile der »Speiseröhre« wird die Nahrung in kleinen Portionen wieder in die Mundhöhle befördert. Dort wird sie erneut zerkaut (Wiederkäuen), zerkleinert und wieder verschluckt. Die mechanische Aufgabe des Netzmagens besteht im Sortieren. Große oder grob zerkleinerte Bestandteile der Nahrung werden zurückgehalten, kleinere Partikel in den Blättermagen weitergeleitet. Dort erfolgt eine Art von Filtration. Der Brei wird zwischen den Blättern (Falten) durch Kontraktion gepresst, wobei die Flüssigkeit resorbiert und der Brei eingedickt wird. Im anschließenden Labmagen findet dann die eigentliche Verdauung, der Abbau von Proteinen und Fetten durch körpereigene Enzyme, statt, auch von den Mikroorganismen aus den Vormägen. Die Abbauprodukte werden im anschließenden Dünndarm resorbiert.

Die Chemie in den einzelnen Abschnitten des Vormagensystems lässt sich wie folgt beschreiben. Im *Pansen* herrscht ein anaerobes, leicht saures, gepuffertes Milieu im Bereich von pH 5,8 – 7,3 bei einer Temperatur von 37–40 °C. Die puffernden Substanzen (Hydrogencarbonat und Hydrogenphosphat) stammen aus den Kopfspeicheldrüsen. Die Zahl der Bakterien je Milliliter wird mit durchschnittlich 10^{10} angegeben. Sauerstoffverzehrende Bakterien haften am Epithel, sorgen für ein anaerobes Milieu und infolge des negativen Redoxpotenzials von -250 bis -300 mV auch dafür, dass der Abbau der Kohlenhydrate nicht bis zum Kohlenstoffdioxid und Wasser läuft. Andererseits bilden im Pansensaft befindliche Archaebakterien aus Kohlenstoffdioxid und Wasserstoff *Methan* und verhindern so die übermäßige Entstehung von Ethanol und Milchsäure. *Archaebakterien* sind eine spezielle Gruppe von Bakterien, die sich von klassischen Bakterien wesentlich in der Struktur ihrer Zellkomponenten wie Ribosomen, Zellwände und Membranlipide unterscheiden und nach Forschungen in den 1990er Jahren Übereinstimmungen mit dem genetischen Apparat höherer Organismen zeigen. Dazu gehören die angesprochenen *Methanbildner*. Die klassischen Bakterien spalten vor allem Cellulose, Hemicellulose, Pectine, Xylane und Zucker. Auch *Protozoen* (Einzeller), welche etwa die Hälfte der Biomasse der Pansenflora ausmachen, sind am Abbau von Kohlenhydraten und Eiweiß beteiligt. Ihre Funktion besteht vor allem darin, leicht abbaubare Kohlenhydrate aufzunehmen, so dass sie nicht vorzeitig zu organischen Säuren abgebaut werden. Sie binden auch schädliche Futterbestandteile sowohl organischer als auch anorganischer Natur (wie Schwermetalle). Insgesamt werden durch die Pansenflora die β-glykosidischen Bindungen von Strukturkohlenhydraten gespalten (speziell von Cellulose). Am Ende dient die Glucose den Mikroorganismen als Substrat. Aus ihrem Stoffwechsel entstehen unter anderem kurzkettige Fettsäuren wie Propion-, Butter- und vor allem Essigsäure. Die Essigsäure wird im Stoffwechsel zu einem erheblichen Teil in *Milchfett* umgebaut. Eiweiß wird durch die Mikroorganismen im Pansen zu Peptiden, Aminosäuren und Ammoniak abgebaut, die wiederum als Stickstoffquelle (insbesondere Ammoniak) dienen.

Insgesamt kann der Pansen als Fermentationskammer (Gärkammer mit einem Volumen von etwa 70 Litern) für die Mikroorganismen betrachtet werden, wobei die Wiederkäuer ihnen das Substrat zu Verfügung stellen. Die Mikroorganismen liefern den Wiederkäuern durch ihre Tätigkeit *Energie, Proteine* und *Vitamine*. Das Pansenepithel stellt zunächst einmal eine Barriere gegen passive Resorptionsvorgänge dar. Als mäßig dichtes Epithel hält es den chemischen Gradienten zwischen Panseninhalt und Blut aufrecht, wodurch vor allem ein Übersäuern des Blutes verhindert wird. Zelluläre Transportproteine können jedoch für die Resorption von Mineralstoffen wie Natrium, Chlorid, Kalium, Magnesium und Calcium als Ionen sorgen. Kurzkettige Fettsäuren gelangen in das Pansenepithel und werden dort aber enzymatisch in Ketokörper (Buttersäure) oder Milchsäure (aus Propionsäure) umgewandelt, bevor sie ins Blut gelangen können. Dabei wird Energie gewonnen, die für einen aktiven Transportprozess benötigt wird. 40 % des Energiebedarfs der Wiederkäuer werden durch die Oxidation von Fettsäuren gewonnen. Glucose wird als Lactat bzw. Propionat in der *Gluconeogenese* (Umkehrung der Glykolyse als Biosynthese der Glucose aus C_3-Bausteinen) in der Leber synthetisiert. Das beim Eiweißabbau entstehende Ammoniak wird, wie bereits gesagt, als Ion von der Pansenflora aufgenommen und zur eigenen Proteinsynthese verwendet. Bei höheren pH-Werten vorliegendes neutrales Ammoniak gelangt infolge seiner Lipidlöslichkeit in die Zellen und muss von der Leber entgiftet werden. Auch Harnstoff steht für die mikrobielle Proteinsynthese zur Verfügung.

Der *Netzmagen*, der neben der Einmündung der Speiseröhre in den Pansen liegt, fördert einerseits angedautes Futter zurück ins Maul und siebt andererseits die Nahrung für die weiteren Weg in den *Blättermagen*, wo dann neben dem beschriebenen mechanischen Vorgang eine Resorption der wasserlöslichen Bestandteile stattfindet. Erst nach 1–3 Tagen verlässt das nun genügend von Bakterien zersetzte Futter den Pansen und gelangt durch Netz- und Blättermagen in den *Labmagen*, wo dann die gleichen Vorgänge wie bei allen Säugetieren (s. Abschnitt 3.2) ablaufen.

Die Vorteile der *Gärung im Pansen* (im Vergleich zu den Vorgängen im Zwölffingerdarm) lassen sich wie folgt zusammenfassen (nach H. Penzlin 2009): Durch das mehrmalige Wiederkäuen wird die Nahrung optimal zerkleinert und aufbereitet. Im Pansen entstandene Gärungsprodukte passieren die gesamte Darmlänge, wo sie weiter umgewandelt und resorbiert werden. Vor allem Stickstoff und Harnstoff sind keine »Abfallprodukte«, sondern werden infolge der Flora von Mikroorganismen nutzbar gemacht.

3.4 Gustatorische Chemie

Lange bevor sich die Chemie mit den Vorgängen des Schmeckens (und Riechens) beschäftigen konnte, beschrieb der »Brockhaus« aus dem Jahr 1838 den *Geschmack* wie folgt:

> »*Geschmack* bezeichnet sowohl die schmeckbaren Eigenschaften eines Körpers, als den Sinn, vermöge dessen wir diese Eigenschaften wahrnehmen. Das wesentliche Organ des Geschmacksinns ist die *Zunge*. Außer derselben hat noch das ganze Innere der Mundhöhle, sowie selbst der Schlund einigen Antheil an der Empfindung, wie wir Geschmack nennen. Was den Nutzen des Geschmacksinnes betrifft, so dient er in Gemeinschaft mit dem Geruchssinne dazu, über die Zuträglichkeit der Speisen und Getränke zu urteilen, vorausgesetzt, daß beide Sinne nur der Stimme der Natur folgen. Der Geschmackssinn steht in inniger Beziehung zu dem Magen, überhaupt zur der Verdauung. Seine Warnungen verdienen daher Beachtung. In der Regel verdaut man sehr schlecht, was man mit Widerwillen nimmt, ja meistens wird solches durch Erbrechen bald wieder ausgeworfen. Die meisten Verdauungsstörungen haben Widerwillen gegen die gewöhnlichen Nahrungsmittel und mannichfaltige Verstimmungen des Geschmacksinnes in ihrem Gefolge. Dies beweisen der bittere, fade, salzige, saure, faulige, ekelhafte Geschmack, welcher die Krankheiten des Magens und des Darmkanals begleitet. Die Wiederkehr des natürlichen Geschmacks kündigt in der Regel die Wiederherstellung der Gesundheit an. Der Geschmackssinn entwickelt sich nur langsam und bedarf öfterer Übung, ja einer wirklichen Erziehung. Daher zeichnen sich Leute, die sich bei Besorgung ihrer Berufsgeschäfte seiner oft bedienen müssen, wie Köche, Weinhändler, Destillateure, Chemiker u. s. w. durch eine große Feinheit des Geschmacksinns aus. Sie schmecken Unterschiede heraus, die kein Anderer wahrnimmt ...«

Im »Brockhaus« des Jahres 2001 findet man unter »Geschmackssinn« zunächst eine ausführliche anatomische Beschreibung und dann die Aussage, dass alle Wirbeltiere die *Geschmacksqualitäten* »süß«, »sauer«, »bitter« und »salzig« unterscheiden können, »bitter« jedoch meist abgelehnt werde. Es folgt die etwas verblüffende Feststellung, dass Saccharin dem Menschen in genügend geringer Konzentration süß schmecke, von Ratten jedoch vermutlich als bitter empfunden werde, da sie Saccharin ablehnen. Auch über die Verteilung der Rezeptoren wird berichtet: So wird »süß« auf der menschlichen Zunge vor allem an der Spritze geschmeckt, »sauer« am mittleren Rand und »bitter« am Zungengrund. Schließlich beruhen die nuancierten Sinnesempfinden, beispielsweise beim Verkosten von Wein, auf dem Zusammenwirken von Geschmacks- und von Geruchsempfindungen.

In dem schon mehrmals zitierten Buch »Johnstons Chemie des täglichen Lebens« von 1887 findet man Texte zu diesem Thema im Kapitel »Würzen und Düfte«, die das Zusammenspiel zwischen Geschmacksnerven und weiteren Funktionen im Rahmen der Verdauung beschreiben. Dort ist u. a. zu lesen:

> »Neben den Nahrungsstoffen und oft mit erregenden Genussmitteln genießen wir in unseren Speisen und Getränken noch ein große Anzahl anderer Stoffe, die entweder durch ihren Geruch und Geschmack die Eßlust anregen, oder durch Anregung der Verdauungsthätigkeit die Auflösung und Umwandlung der Nahrungsstoffe befördern. Als solche Stoffe haben wir bereits den Zucker und den Alkohol kennen gelernt, die neben ihren sonstigen Eigenschaften auch diejenige besitzen, die Geschmacksnerven angenehm zu erregen, sowie die Speichel- und Magendrüsen zu reichlicher Absonderung ihrer für die Verdauung notwendigen Säfte zu reizen. Wie das Stück Zucker im Munde vergeht, indem es in dem reichlich herzuströmenden Speichel sich auflöst, so bewirkt der Zucker auch im Magen eine reichlichere Absonderung des Magensaftes (...). Eine ähnliche Wirkung kommt dem Alkohol zu, wenn er in mäßiger Menge genossen wird und so mag ebenso wohl eine Süßigkeit wie ein Schnaps oder Glas Wein, oder auch beides vereinigt im Liqueur, Sherry u. dgl. m. mit Nutzen sowohl eine Mahlzeit einleiten, als auch die vollendete schließen ...«

Als »chemischen Nahsinn« bezeichnet man das Schmecken, den Geschmackssinn oder die *Gustatorik*. Er dient der Kontrolle der aufgenommen Nahrung. So warnt ein bitterer oder auch saurer Geschmack eventuell vor verdorbenen Lebensmitteln, süß und salzig kennzeichnen nährstoffreiche Nahrungsmittel. Im Allgemeinen werden fünf Grundqualitäten des Geschmacks unterschieden:

- *süß*, durch Zucker, einige Aminosäuren, Peptide,

- *salzig*, durch Speisesalz, einige andere Mineralsalze,

- *sauer*, durch Säuren und in Wasser sauer regierende Salze,
- *bitter*, durch eine Vielzahl an Stoffen wie Bitterstoffen (Chinin, Absinth im Wermut, Humulon im Hopfen u. a.),
- *umami* (jap. fleischig, herzhaft), durch Glutaminsäure und Asparaginsäure.

Zur Wahrnehmung der genannten *Geschmacksqualitäten* besitzen Säugetiere Rezeptorzellen, die in sogenannten Geschmacksknospen angeordnet sind. Diese befinden sich auf der Zunge in den Geschmackspapillen und auch in den Schleimhäuten der Mundhöhle bis in die obere Speiseröhre. Jede Geschmacksknospe enthält zwischen 50 und 150 Sinneszellen.

Für die Geschmacksqualitäten süß, bitter und umami sind G-Protein-gekoppelte Rezeptoren zuständig. Die Bezeichnung *G-Protein* verwendet man als Abkürzung für Guanin-Nucleotid-bindendes Protein, bestehend aus drei Untereinheiten, das physiologische Signalfortleitungsprozesse in Gang setzt bzw. unterbricht. Für die Wahrnehmung *süß* ist ein heterodimerer Rezeptor aus zwei G-Protein-gekoppelten Rezeptoren (T1R2 und T1R3) verantwortlich. Dass dieser Rezeptor sehr unterschiedliche Stoffe binden kann, ist auf einen besonders langen extrazellulären N-Terminus der beiden Rezeptoruntereinheiten zurückzuführen. Sehr ähnlich aufgebaut ist auch der Rezeptor für den *Umami*-Geschmack, jedoch mit einer T1R1-Untereinheit anstelle der T1R2-Untereinheit für süß schmeckende Substanzen. Dieser Rezeptor bindet verschiedene L-Aminosäuren und weist beim Menschen eine hohe Spezifität für Glutamin- und Asparaginsäure auf. Der Umami-Geschmack wird durch die Anwesenheit von Purinnucleotiden wie Inosinmonophosphat und Guanosinmonophosphat (Geschmacksverstärker) infolge einer Erhöhung der Rezeptoraktivität verstärkt. Für die Wahrnehmung der *bitteren Geschmacks* ist eine Vielzahl von Rezeptoren zuständig, welche eine *Genfamilie* (s. Abschnitt 4.3) mit der Bezeichnung T2Rs (25–30 Gene) bilden. Insgesamt hat man festgestellt, dass trotz unterschiedlicher Rezeptoren für Süß, Umami und Bitter diese jeweils eine intrazelluläre *Signalkaskade* anstoßen. An die G-Protein-gekoppelten Rezeptoren ist das heterotrimere G-Protein Gustducin gebunden (strukturell verwandt mit dem Transducin der Stäbchen in der Netzhaut). Im Ruhezustand ist an die α-Untereinheit des Gustducins ein Guanosindiphosphat-Molekül (GDP) gebunden. Werden nun Geschmacksstoffe an die G-Protein-gekoppelten Rezeptoren gebunden, so beginnt ein Austausch des GDP durch Guanosintriphosphat (GTP) und es erfolgt die Dissoziation des Gustducins in seine α-Untereinheit und ein β-Dimer. Darauf folgt eine Aktivierung einer Phospholipase (PLCβ2), die das in der Membran befindliche Phosphatidylinositolbiphosphat (PIP_2) in die beiden *second messenger* Inositoltriphosphat (IP_3) und Diacylglycerol spaltet. Es öffnen sich die von IP_3 gesteuerten Calcium-Kanäle des endoplasmatischen Reticulums, die intrazelluläre Calcium-Ionen-Konzentration erhöht sich, wodurch eine Depolarisation der Geschmackssinneszelle eintritt.

Bei der Empfindung des *sauren Geschmacks* scheint nach dem derzeitigen Stand der Wissenschaft nicht der epitheliale Natriumkanal als Rezeptor in Frage zu kommen, sondern der intrazelluläre pH-Wert in den Geschmacksrezeptorzellen eine Rolle zu spielen. Damit ließe sich auch erklären, dass organische Säuren wie Essigsäure oder Citronensäure bei gleichem pH-Wert deutlich saurer schmecken als anorganische Säuren: Organische Säuren können in undissoziierter Form die Zellmembranen durchdringen; im Inneren der Zellen dissoziieren sie dann. Es wird angenommen, dass die Rezeptorzellen durch eine Verringerung des pH-Wertes an intrazellulären Membranproteinen aktiviert werden.

Für die Weiterleitung der Informationen von den Geschmackssinnenzellen bzw. Rezeptoren ins Gehirn sind zahlreiche Neurotransmitter und Neuropeptide, Serotonin und Noradrenalin als biogene Amine sowie γ-Aminobuttersäure verantwortlich, die nach einem Rezeptorsignal von den Zellen ausgeschüttet werden.

2005 wurde ein möglicher Geschmacksrezeptor für den Sinneseindruck *fettig* als *sechste Grundqualität* identifiziert – das Glycoprotein CD36, das sich in den Geschmackssinneszellen der Zunge nachweisen lässt und dort Fettsäuren mit hoher Affinität bindet. Bisher wurde diese Hypothese an Mäusen bewiesen. Geschmackssinneszellen von Mäusen, die CD36 exprimieren, werden beispielsweise durch Linolsäure stimuliert. Die Folge ist eine Aktivierung intrazellulärer *Signalkaskaden* und die Freisetzung von *Neurotransmittern*.

2003 wurde für den *scharfen* Geschmack von Capsaicin (Inhaltsstoff von Paprika) auf der Zunge ein »Schärferezeptor« TRPV1 entdeckt, die durch diese Substanz aktiviert, sonst durch ein Lipid blockiert ist. Capsaicin löst die Bindung zwischen Rezeptor und Lipid, worauf im Gehirn ein Schmerzsignal entsteht.

Die Geschwindigkeit der beschriebenen biochemischen Reaktionen ist sehr unterschiedlich. Bei süßen und bitteren Reizen laufen aufwendige Mechanismen ab, sodass die Signalübermittlung etwa eine Sekunde benötigt. Saure und salzige Geschmackseindrücke werden schneller übertragen.

Die Informationen der Geschmacksrezeptoren werden über Hirnnervenfasern in das Zentralnervensystem bis zum Hypothalamus geleitet, dem basalen Wandteil der Wirbeltiere (nachgeordnet ist die Hypophyse, die Hirnanhangdrüse – s. Abschnitt 4.4). Dort enden die Nervenbahnen des Geruchssinns, und hier entscheidet das Gehirn über die Geschmacksqualität.

Eine wichtige Rolle bei komplexen Geschmackseindrücken spielt der *Geruchssinn*. In seinem Buch »Düfte. Signale der Gefühlswelt« (2004) berichtet Günther *Ohloff* ausführlich über die »Elemente der Chemorezeption«, über »Das molekulare Geheimnis der Duftstoffe« und über »Stereochemie und Geruch«. Er erwähnt die Entdeckung von »Riechgenen« (insgesamt sind etwa 1000 Gene für die Verschlüsselung der Geruchsrezeptoren in den Neuronen des Nasenepithels zuständig), beschreibt die »olfaktorische Rezeptorforschung«, und die »Entdeckung von Geschmacksrezeptoren«. Ebenso wie beim Geschmack, der auf den fünf bzw. sechs Grundqualitäten beruht, werden auch bei der Riechstoff-Transduktion *Signalkaskaden* ausgelöst.

3.5 Zur Biochemie des Blutes

In der griechisch-antiken und auch in der germanischen Mythologie galt *Blut* als Träger der Lebenskraft, als ein *Urstoff des Lebens*, und der Mensch als ein aus dem Blut der Götter erschaffenes Wesen. Im Alten Testament heißt es, der Mensch bestehe aus »Fleisch und Blut«, ein auch heute noch gebräuchlicher Ausspruch. Im antiken Griechenland herrschte die Vorstellung, dass beim Ausfließen des Blutes die Seele den Leib verlasse.

Das Wissen über die Chemie des Blutes in der Mitte des 19. Jahrhunderts verdeutlicht ein Text aus dem sehr verbreiteten »Buch der Natur« (1846) von Friedrich Schoedler, einem früheren »Assistenten am chemischen Laboratorium zu Gießen« von Justus Liebig. Friedrich Karl Ludwig *Schoedler* (1813–1884) studierte nach einer Apothekerlehre in Offenbach ab 1834 in Gießen, wurde Assistent von Justus Liebig und promovierte 1838 zum Dr. phil. Danach war er als Lehrer an der Realschule in Worms, 1854–1883 als Rektor der Realschule in Mainz tätig.

Er schrieb über das *Blut* u. a.:

»Das Blut ist eine undurchsichtige, lebhaft roth gefärbte Flüssigkeit, die zum größern Theile aus Wasser besteht, in welchem die folgenden Stoffe in nebenstehendem Verhältnisse enthalten sind: Wasser (78,2 %), Blutkügelchen (13,5), Faserstoff (0,3), Eiweiß (6,7), Salze (0,9), Fett (0,4). (...) Außer den festen und flüssigen Bestandtheilen sind in dem Blute mehrere Luftarten enthalten, nämlich *Sauerstoffgas, Stickstoffgas* und *Kohlensäure.*

Durch das Mikroskop betrachtet erscheint das Blut als eine klare blassgelbliche Flüssigkeit, in welcher eine außerordentlich große Menge kleiner rother Körperchen herumschwimmen, die ihm seine rothe Farbe ertheilen und *Blutkügelchen* genannt werden. Es ist zu bemerken, dass der rothfärbende Stoff des Blutes Eisen enthält, dessen Gesammtmenge im Blute 0,06 p. c. beträgt, was für 30,5 Pfd. berechnet [ausgehend von 137 Pfd. eines vierzigjährigen Mannes mit 30,5 Pfd. Blut] ...

Läßt man frisches Blut einige Zeit ruhig stehen, so gerinnt es, d. h. es scheidet sich in zwei Theile, nämlich einen festen, oben schwimmenden, der *Blutkuchen* heißt, und in einen blassgelblich gefärbten, oder sogenanntes Blutwasser.

Es beruht dieses darauf, daß der Faserstoff des Blutes beim Erkalten desselben in Flocken gerinnt und dabei die Blutkügelchen aufnimmt, so daß beide den dunkelroth gefärbten Blutkuchen bilden, der auf dem farblosen Blutwasser schwimmt. Wenn man frisches Blut stark umrührt, so gerinnt zwar der Faserstoff ebenfalls, allein er kann alsdann die Kügelchen nicht aufnehmen. Das Blut behält alsdann seine rothe Farbe und verliert die Eigenschaft zu gerinnen. Der Faserstoff (Fibrin...) an und für sich ist ungefärbt und hängt sich in Gestalt weißer Fäden an einen kleinen Besen, mit welchem man das Blut schlägt.«

[Fibrin, das aus heutiger Sicht zu den Plasmaproteinen, vor allem zu den Globulinen, zählt, wurde 1812 von dem schwedischen Chemiker Berzelius isoliert und ist der Hauptbestandteil des Blutgerinnungssystems. Die Vorstufe Fibrinogen ist mit 0,2-0,4 % im Blut enthalten; vgl. die historischen Angaben oben.]

»Wenn das klare Blutwasser zum Sieden erhitzt wird, so gerinnt das darin befindliche Eiweiß (...). Daher wird alles Blut beim Kochen fest, wie wir dies an den Blutwürsten sehen. Vermischt man Blut mit einer

Flüssigkeit, die durch kleine darin herumschwimmende Körperchen [*Partikel*] getrübt ist, und erhitzt zum Sieden, so nimmt das gerinnende Eiweiß des Blutes jene trübenden Theilchen auf und die Flüssigkeit wird dadurch vollkommen klar. In den Zuckerfabriken benutzt man deshalb häufig Blut zum Klären (...).

Die im Blute aufgelösten Salze sind hauptsächlich *Kochsalz* und *phosphorsaurer Kalk,* aus welchem letzteren (...) die Masse der Knochen besteht.

Außerdem findet man im Blute noch eine Anzahl anderer Stoffe, die jedoch meist in so geringer Menge vorhanden sind, daß sie zwar erkannt, aber dem gewichte nach nicht leicht bestimmt werden können. Am wesentlichsten darunter ist das *Fett*, welches in Form kleiner Tröpfchen im Blute schwimmt.

Wir sehen im Blute demnach alle Stoffe enthalten, woraus die verschiedenen Theile des menschlichen Körpers bestehen, nämlich Faserstoff und Eiweiß, welche Muskel und Häute bilden, den phosphorsauren Kalk, der die Knochenmasse ausmacht, das Fett und die übrigen Stoffe, die in geringen Mengen erforderlich sind, da sie nur kleinere Theile unseres Körpers darstellen, wie z. B. die Gehirnsubstanz. Daher ist denn das Blut die wahre Ernährungsflüssigkeit unseres Körpers, und wir können mit Bestimmtheit sagen, daß jeder Theil desselben aus Blut entstanden, daß er früher flüssig gewesen ist.

Damit aber das Blut seinem Zwecke, überall neue Theile zu bilden, entsprechen könne, muß es in beständiger Bewegung befindlich an jede Stelle des Körpers gelangen können, und es geschieht dieses durch die verschiedenen Adern, welche zusammen das Gefäßsystem bilden.«

Betrachten wir das Blut zunächst aus physikalisch-chemischer Sicht, so ist es als eine Suspension, als ein Gemisch aus Wasser und zellulären Bestandteilen zu beschreiben. Der Anteil der zellulären Bestandteile – als Hämatokrit bezeichnet, ein Maß für den prozentualen Anteil der roten Blutkörperchen (Erythrocyten) am Gesamtblut – beträgt bei Männern 40–54 %, bei Frauen 37–47 %. Das Plasma, die wässrige Lösung, besteht vorwiegend aus Proteinen, Salzen, Monosacchariden und anderen niedermolekularen Substanzen wie Nährstoffen (außer Zucker auch Lipide und Vitamine), Hormonen und gelösten Gasen. Sie werden zu den Zellen transportiert. Stoffwechsel- und Abfallprodukte wie Harnstoff und Harnsäure werden im Plasma gelöst von den Zellen zu den Ausscheidungsorganen transportiert. Der pH-Wert des Blutes liegt bei 7,4. Verschiedene Blutpuffer sorgen dafür, dass er relativ konstant gehalten wird. Eine

Übersäuerung liegt bereits dann vor, wenn der pH-Wert unter einen Grenzwert von etwa 7,35 fällt. Im Blut wirken vier verschiedene Puffersysteme, von denen der Kohlenstoffdioxid-Hydrogencarbonat-Puffer insgesamt zwei Drittel der Gesamtpufferkapazität ausmacht. Er wird durch das Enzym Carboanhydratase katalysiert. Auch der Blutfarbstoff Hämoglobin wirkt im Sauerstoffkreislauf (s. unten) als Puffer. Phosphat- und Proteinatpuffer haben nur eine geringe Bedeutung.

Die Elektrolyt-Zusammensetzung des Plasmas ähnelt hinsichtlich der Hauptkomponenten (Natrium-, Calcium- und Chlorid-Ionen) derjenigen des Meerwassers, woraus auf die Evolution aus Lebensformen im Meer geschlossen werden kann. Zu den wichtigen Metaboliten im Blutplasma zählen neben den genannten Substanzen Lactat und Pyruvat, Kreatinin und Ammoniak, Triacylglyceride und Cholesterol.

Die wichtigsten Aufgaben des Blutes sind der Transport von Stoffen durch den gesamten Körper von und zu den einzelnen Organen, die Aufrechterhaltung des »Körper-Milieus«, *Homöostase* genannt, sowie die Abwehr körperfremder Stoffe. Eine Aufgabe besteht in der Beförderung der resorbierten Nahrungsstoffe (s. Abschnitt 3.2) vom Darm zur Leber (s. Abschnitt 3.6) und anderen Organen; aus den Geweben werden Stoffwechselprodukte in das Blut aufgenommen, um sie zur Ausscheidung in die Lunge, Leber und Niere zu transportieren. Insgesamt wird durch die vielfältigen Transportprozesse sowohl allgemein die Versorgung der Organe als auch speziell die Verbreitung z. B. der Hormone gesichert. Als Homöostase bezeichnet man insgesamt die Aufrechterhaltung des normalen Gleichgewichts der Körperfunktionen durch Regelungsprozesse – humoral (die Körperflüssigkeiten betreffend), hormonell und neuronal. Die Homöostase umfasst die Konstanthaltung der Blutzusammensetzung, des osmotischen Drucks der Gewebe, des Blutdrucks und der Körpertemperatur. Das Blut ist auch dafür zuständig, dass der Wasserhaushalt zwischen dem Blutgefäßsystem, dem Intrazellular- und dem Extrazellularraum ausgeglichen ist. Von besonderer Bedeutung ist der Säure-Basen-Haushalt im Zusammenwirken von Lunge, Leber und Niere. Die Protonen (als Oxonium-Ionen im Plasma) stammen sowohl von freien Säuren aus der Nahrung als auch von schwefelhaltigen Aminosäuren der Proteine. So gibt beispielsweise die mit der Nahrung aufgenommene Citronensäure im Bereich des Darmtrakts bei leicht alkalischem pH-Wert Protonen infolge der Dissoziation ab. Innerhalb der Protonenbilanz spielen jedoch die beim Proteinabbau frei werdenden Aminosäuren Methionin und Cystein eine größere Rolle. Sie werden in der Leber bis zur Schwefelsäure oxidiert, die dann durch die Dissoziation zu Sulfat-Ionen Protonen liefert. Protonen werden auch bei der anaeroben Glykolyse in Muskeln und Erythrocyten durch die Umwandlung von Glucose zu Milchsäure und deren anschließender Dissoziation zu Lactat-Ionen freigesetzt. In der Leber entstehen Ketonkörper wie Acetessigsäure und 3-Hydroxybuttersäure, die im Plasma ebenfalls Protonen liefern. Überschüssige Protonen (Oxonium-Ionen) werden in der Niere durch den Austausch gegen Natrium-Ionen aktiv entfernt.

Hämoglobin

Das *Hämoglobin* der Erythrocyten kann ebenfalls Protonen binden (s. unten). Seine wichtigste Aufgabe im Blut ist jedoch der *Transport von Sauerstoff und Kohlenstoffdioxid*. Mitte des 19. Jahrhunderts begann man sich eingehender mit der Chemie des Hämoglobins zu beschäftigen. Die Entdeckung des Hämoglobins als Sauerstoff-Transportprotein wird dem Mediziner Friedrich Ludwig *Hünefeld* (1799–1882) zugeschrieben. Hünefeld hatte sich 1824 in Breslau für Chemie und Pharmazie habilitiert und lehrte 1826–1882 in Greifswald. 1840 berichtete er in seiner Veröffentlichung »Physiologischchemische Untersuchungen der materiellen Veränderungen oder des Bildungslebens im thierischen Organismus, der Natur der Blutkörperchen und ihrer Kernchen. Ein Beitrag zur Physiologie und Heilmittellehre. Gekrönte Preisschrift verfasst und herausgegeben von Dr. F. L. Hünefeld, F. A. Brockhaus, Leipzig 1840« über die grundlegende Funktion des Hämoglobins.

1851 beschrieb der Physiologe Otto *Funke* (1828–1879), Professor für Physiologische Chemie an der Universität Leipzig (ab 1869 in Freiburg), die Kristallisation von Hämoglobin durch Verdünnen von Tierblut mit Wasser, Ethanol oder Diethylether und anschließende langsame Verdampfung des Lösemittels. Das Produkt wird als *Funke'-sche Kristalle* bezeichnet. 1853 spaltete Anton *Teichmann-Stawiarski* (1823–1895, Professor in Krakau) das Hämoglobin in Globin und den rotgefärbten Rest, das Hämatin. (Als Hämatin wird Hämin mit einem Hydroxyliganden anstelle der Chlorids bezeichnet.) 1866 berichtete Felix *Hoppe-Seyler* (s. Abschnitt 1.2.3) über die reversible

Oxygenierung des Hämoglobins. Er prägte auch den Namen für die Substanz, die heute zu den am intensivsten untersuchten Proteinen zählt. 1862 stellte er das Hämoglobin rein dar. 1912 stellte William *Küster* (1863–1929, ab 1903 Professor in Stuttgart), der sich ab 1903 mit dem Hämin beschäftigte, die erste Strukturformel auf und bewies die konstitutionelle Verwandtschaft zwischen Blut- und Gallenfarbstoff. Hans *Fischer* (1881–1945, aber 1921 TH München) begann 1926 mit Porphyrinsynthesen, die 1929 zur Synthese des Hämins führten. Für seine Arbeiten »Über den strukturellen Aufbau der Blut- und Pflanzenfarbstoffe und für die Synthese des Hämins« erhielt Fischer 1930 den Chemie-Nobelpreis. (Mit *Hämin* werden nach IUPAC-Empfehlung Chloreisen(III)-Porphyrin-Koordinationsverbindungen bezeichnet.) Die Aminosäuresequenz der Polypeptidketten des Globins wurde 1961 von Gerhard *Braunitzer* (1921–1989, ab 1956 am Max-Planck-Institut für Biochemie in München) und seinen Mitarbeitern aufgeklärt. 1960 stellte der Nobelpreisträger Linus *Pauling* (1901–1994) mit seinen Mitarbeitern fest, dass sich das Hämoglobin des Menschen von dem der Gorillas und Schimpansen nicht unterscheidet. Der Höhepunkt der Hämoglobinforschungen war der Ermittlung der Raumstruktur mit Hilfe der Röntgenstrukturanalyse durch Max Ferdinand *Perutz* (1914–2002) im Jahre 1960, für die er zusammen mit John *Kendrew* (1917–1997), der ähnliche Untersuchungen über das Myoglobin durchgeführt hatte, bereits 1962 den Nobelpreis für Chemie erhielt.

Die wesentlichen Merkmale der *Hämoglobin-Struktur* sind die Bildung eines Tetramers aus je zwei α- und β-Ketten mit Massen von je etwa 16 kDa, deren Untereinheiten (Globin) sich in der Sequenz der Aminosäuren bei gleichartiger Faltung unterscheiden und die miteinander zum Globulin, einem globulären Makromolekül, verbunden sind. Die farbgebende Gruppe des Hämoglobins ist die Häm-Gruppe. Jede Globinkette besitzt eine Häm-Gruppe, also sind im Hämoglobin insgesamt vier Häm-Gruppen vorhanden. Die Grundstruktur des Häms ist ein *Porphyrin*, eine über Methingruppen konjugierte Tetrapyrrol-Struktur.

Das Hämoglobin enthält im Zentrum der Tetrapyrrol-Struktur ein Eisen(II)-Ion. Die vier Häm-Einheiten liegen in »Taschen« in der Nähe der Moleküloberfläche. Die Häm-Gruppe entsteht biosynthetisch durch den Einbau eines Eisenatoms in das Protoporphyrin, die metallfreie Vorstufe, mittels Enzymen aus der Gruppe der Ferroche-

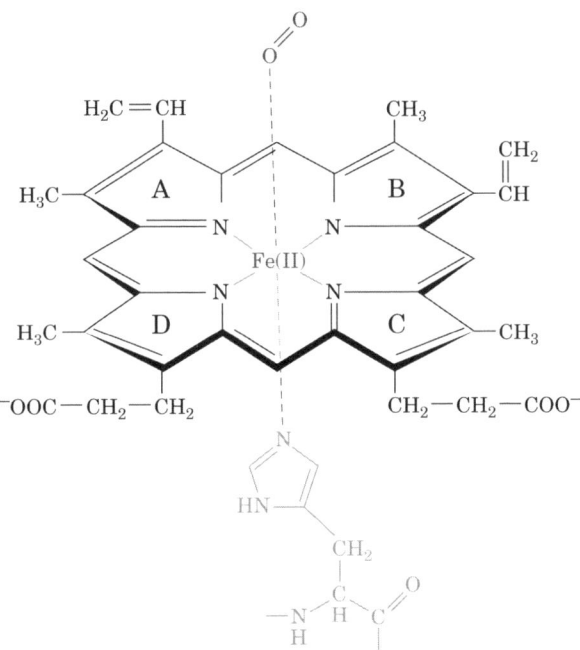

Abb. 20 Das Häm, die Grundstruktur des Myoglobins und Hämoglobins. (Aus: Voet/Voet/Pratt: »Lehrbuch der Biochemie«, 2002 – Abb. 7-2, S. 175.) Häm ist ein konjugiertes System mit vier äquivalenten Fe-N-Bindungen und vier Pyrrolringen (A bis D). Fe(II) bindet zusätzlich eine Histidin-Seitenkette bzw. molekularen Sauerstoff.

latasen. Das *Hämoglobin* (Molmasse 64500 Da) wird in der Leber, der Milz, im Knochenmark, allgemein beim Austritt aus Blutgefäßen durch körpereigene oder bakterielle Enzyme zu den Gallenfarbstoffen abgebaut, von denen das orangefarbene Bilirubin das wichtigste ist. Eng verwandt mit dem Hämoglobin ist der Muskelfarbstoff *Myoglobin*. Dieser besitzt ebenfalls Häm-Gruppen (s. Abb. 20), unterscheidet sich vom Hämoglobin aber in der relativen Molmasse (17000 Da), dem Globulin und in der übergeordneten Struktur.

Durch die Raumstruktur ist das zweiwertige Eisen vor einer Oxidation geschützt. Da Myoglobin eine stärkere Sauerstoffaffinität als das Hämoglobin aufweist, dient es der Sauerstoffspeicherung, das Hämoglobin dem Sauerstofftransport.

Vier der maximal sechs Koordinationsmöglichkeiten des Eisens mit Liganden werden von Stickstoffatomen der Pyrrolringe besetzt, eine weitere von einem Histidin-Rest des Globins. An der sechsten Stelle koordiniert der lebenswichtige *Sauerstoff* im *Oxy-Hämoglobin.*

Hämoglobin als Protein der Erythrocyten sorgt für den Transport des Sauerstoffs zwischen Lunge und Geweben. Im Plasma selbst ist Sauerstoff relative schlecht löslich (etwa 3,2 ml/Liter). Im menschlichen Blut sind etwa 160 g/Liter Hämoglobin enthalten, das insgesamt 220 ml Sauerstoff binden kann, also das 70-fache im Vergleich zum Plasma. Die Regulation des Sauerstofftransports erfolgt durch mehrere Effekte. Zunächst gibt es, wie schon M. F. Perutz (s. o.) durch Röntgenkristallographie feststellte, zwei *allostere* Formen des Hämoglobins. Mit *Allosterie* bezeichnet man einen Effekt, der bei Enzymen und anderen Proteinen auftreten kann, die eine definierte Raumstruktur besitzen. Durch den Einfluss niedermolekularer Verbindungen (Effektoren) treten Konformationsänderungen auf – Enzyme werden dadurch aktiviert oder gehemmt. Beim Hämoglobin besitzt die T-Form (von engl. *tense*, gespannt) eine *geringere Sauerstoff-Affinität* als die R-Form (von *relaxed*). Beide Formen gehen ineinander über. Nimmt die T-Form Sauerstoff auf, so treten lokale Konformationsänderungen auf, der Zusammenhalt von Untereinheiten wird geschwächt und mit zunehmendem Sauerstoff-Partialdruck gehen immer mehr Moleküle in die R-Form über, bis eine Sättigung erreicht ist. Ein weiterer allosterischer Effektor ist ein nur in den Erythrocyten gebildeter Metabolit als Zwischenprodukt der Glykolyse – das 2,3-Biphosphoglycerat (BPG), das ausschließlich an der T-Form bindet und dadurch dessen Anteil am Gleichgewicht vergrößert. Die Sauerstofftransportform des Hämoglobins wird *Oxyhämoglobin* (HbO_2) genannt. Dann wird verstärkt Sauerstoff abgegeben; auch die Bindung von Kohlenstoffdioxid fördert diesen Vorgang. Die Erythrocyten enthalten keine Mitochondrien (s. Abschnitt 2.2), sodass sie die notwendige Energie aus der Glykolyse (Abbau von Glucose zu Lactat) unter Gewinnung von ATP erzeugen. Ein weiterer wichtiger Vorgang ist die Reduktion des oxidierten Hämoglobins, des *Methämoglobins* (mit Eisen(III)-Ionen im System) in den Erythrocyten sowie die Beseitigung von Peroxiden auf einem enzymatischen Weg mithilfe von *Glutathion* (GSH). Das Tripeptid weist am Cystein eine Thiol-Gruppe auf, die zum Disulfid oxidiert werden kann. Eine Regeneration wird durch die Glutathion-Reduktase katalysiert, die dazu wiederum NADPH benötigt.

Schließlich ist das Hämoglobin (Hb) auch am *Transport des Kohlenstoffdioxids* von den Geweben in die Lunge beteiligt. Zunächst wird das Kohlenstoffdioxid zu etwa 90 % als Hydrogencarbonat-Ion im Blut transportiert, das in der Lunge in Kohlenstoffdioxid zur Abgabe an die Außenluft (über den Atem) umgewandelt werden muss. Dieser Vorgang ist an die Desoxygenierung bzw. Oxygenierung von Hb gekoppelt. Hb ohne Sauerstoff (Desoxy-Hb) ist eine deutlich stärke Base als Oxy-Hb. Desoxy-Hb bindet somit Protonen und fördert die Bildung von Hydrogencarbonat-Ionen (H^+ aus H_2O; OH^- mit CO_2 zu HCO_3^-). Das gebildete Hydrogencarbonat wird gegen Chlorid im Plasma ausgetauscht und gelangt dann im Plasma zur Lunge, wo die beschriebenen Reaktionen in umgekehrter Richtung ablaufen; Protonen werden vom Desoxy-Hb abgegeben und verschieben das Gleichgewicht vom Hydrogencarbonat zum Kohlenstoffdioxid.

1964 erschien die deutsche Ausgabe des Buches »The Living River« von Isaac *Asimov* (1920–1992) unter dem Titel »Träger des Lebens. Die wundersame Geschichte von Wesen und Aufgabe des Blutes« (Heyne Sachbuch). Asimov war ein russisch-amerikanischer Biochemiker und Sachbuchautor und zählt zugleich zu den bekanntesten Science-Fiction-Autoren. Er wurde nach dem Zweiten Weltkrieg zunächst Dozent für Biochemie (1951–1968 Professor) an der medizinischen Fakultät der Universität Boston. Danach war er freier Schriftsteller. Im seinem noch heute lesenswerten Buch charakterisiert er die Funktion von Blut als unermüdliches Transportmittel des Körpers, das u. a. allen Zellen Zucker, Eiweiß und Fette, Ionen, Hormone und Vitamine liefere, aber nur dort, wo sie gebraucht würden. Es verteile die Wärme und schaffe Kampfreserven heran, wenn der Feind von außen eingedrungen sei – und um allem die Krone aufzusetzen: es sei imstande, selbst das Loch zu stopfen, aus dem es ströme.

3.6 Die speziellen biochemischen Fabriken in Leber und Niere

Die *Leber*, die mit einer Masse von etwa 1,5 kg zu den größten Organen des menschlichen Organismus zählt, verbraucht bei nur 2–3 % Gewichtsanteil an der Körpermasse bis zu 30 % des Sauerstoffs (s. Abschnitt 3.5). Sie stellt eine vielfältige biochemische Fabrik dar, in denen von der Biosynthese körpereigener Substanzen mit Speicherung, Umwandlung und Abbau (*Stoffwechsel*) bis zur *Entgiftung* toxischer Substanzen durch Biotransformation zahlreiche Prozesse ablaufen.

Die *Niere* ist für die Ausscheidung von Wasser und wasserlösliche Stoffe zuständig und reguliert speziell den Elektrolyt- und Säurehaushalt des Organismus (*Homöostase*) unter der Kontrolle von Hormonen, von denen sie einige selbst synthetisiert. Weitere Funktionen ihrer biochemischen Fabriken betreffen den Abbau von Aminosäuren und die *Gluconeogenese* (Neusynthese von Glucose aus den Vorräten an Leber-Glykogen).

Der Fachschriftsteller E. *Pilgrim* (geb. 1890) beschreibt in seinem Buch »Chemie – überall Chemie« (3. Aufl. 1946, die noch die Zulassung der US-Militärregierung in Stuttgart erforderte!) im Kapitel »Chemie der Verdauung« die *Leber* als das blutreichste Organ, sozusagen das *Blutdepot des Körpers*:

> »Das vom Darm kommende Blut wird hier durch Verteilung bis in feinste Zweige oder Kapillaren auf eine riesige Oberfläche ausgebreitet, dann wieder gesammelt und in einem großen venösen Blutgefäß, der unteren Hohlvene, dem Herzen zugeführt.«

Pilgrim bezeichnet die Leber als das *eisenreichste Organ*, mit Enzymen, die er noch »Fermente« nennt, gut versehen. Diese würden nicht nur den eigenen Stoffwechsel, sondern auch den Aufbau körperwichtiger Stoffe steuern. In der Leber wird der Gallensaft erzeugt, der für die Fettverdauung erforderlich ist. Als weitere wichtige Funktion der Leber nennt Pilgrim die Speicherung der über die Pfortader der Leber zugeführten »einfachen Zucker« in Form eines höheren Kohlenhydrats, (*Glykogen*), mithilfe des Enzyms Leberdiastase.

Die *biochemischen Fabriken* der Leber haben die Aufgabe, alle für den Stoffwechsel eines Organismus wichtigen Stoffe in ihren Plasmakonzentrationen konstant zu halten (*Homöostase*). Es laufen zu diesem Zweck folgende Stoffwechselvorgänge ab: Im *Kohlenhydrat-Stoffwechsel* werden Glucose und andere Monosaccharide zunächst in Glucose-6-phosphat umgewandelt und danach entweder zum Glykogen aufgebaut oder in Abbaureaktionen in Fettsäuren umgewandelt. Glucose kann mithilfe der *Gluconeogenese* (s. Abb. 23 in Abschnitt 4.1) in der Leber auch aus Lactat, Glycerol oder den Kohlenstoffgerüsten von Aminosäuren (C_3-Bausteinen) synthetisiert werden. In Zellen, die nicht über Mitochondrien verfügen (wie die Erythrocyten) oder in Gewebe, in denen die Sauerstoffversorgung nicht ausreicht (Muskeln mit großer Leistung), wird der Energiebedarf (Gewinnung von ATP) durch Gärung (anaerobe Glykolyse) gedeckt, bei der Glucose in Lactat (Anion der Milchsäure) umgewandelt wird.

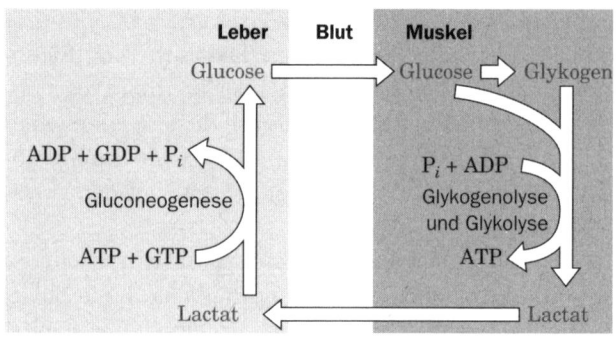

Abb. 21 Cori-Zyklus. (Aus: Voet/Voet/Pratt: »Lehrbuch der Biochemie«, 2002 – Abb. 21-5, S. 703.)

Aus diesem Lactat baut die Leber Glucose auf. Der Kreislauf wird *Cori-Zyklus* genannt (nach Carl Ferdinand *Cori* (1896–1984), der zusammen mit seiner Frau Gerty Theresa *Cori*, geb. *Radnitz* (1896–1957), ab 1923 in Buffalo bahnbrechende Forschungsarbeiten über den Kohlenhydratstoffwechsel durchführte). Von 1930 bis 1937 untersuchte das Ehepaar die Wirkungen der *Hormone Adrenalin* und *Insulin* auf den Kohlenhydratstoffwechsel, wie in Abschnitt 4.4 berichtet wird. Weitere wichtige Beispiele für den Kohlenhydratstoffwechsel in der Leber sind die Verstoffwechselung von *Fructose* und *Galactose* durch Einschleusung in die Glykolyse.

Die Leber ist auch der wichtigste Ort für den *Lipidstoffwechsel*, in dem aus Acetat-Einheiten Fettsäuren synthetisiert werden, aus denen dann Fette und Phospholipide gebildet werden können. Sie werden in Komplexen mit Proteinen als *Lipoproteine* in das Blut transportiert. In umgekehrter Richtung kann die Leber Fettsäuren aus dem Plasma aufnehmen und sie in Ketonkörper umwandeln, die sie an das Blut abgibt. Wichtig ist in diesem Zusammenhang der *Lynen-Zyklus* (nach dem deutschen Biochemiker F. F. K. *Lynen* (1911–1979), ab 1956 Direktor des MPI für Zellchemie in München, Nobelpreis 1964), bei dem über das Acetacetat (als Ketonkörper) mit Hilfe von Enzymen körpereigene Fettsäuren entstehen. Die wenigen, hier nur summarisch dargestellten Beispiele zeigen, wo wichtige *Zyklen* im gesamten Stoffwechsel der Organismen stattfinden und dass sie die *Grundlage allen Lebens* bilden.

Das *Cholesterol* in der Leber kann aus der Nahrung stammen oder durch Eigensynthese im Körper entstanden sein. Der Syntheseweg beginnt mit Acetyl-CoA. Cholesterol wird zum Teil für die Bildung von Gallensäuren benötigt und dient auch als Baustein für Zellmembranen. Die Speicherung erfolgt als Ester mit Fettsäuren in Lipidtröpfchen. Der Transport findet zusammen mit Triacylglycerolen in Lipoprotein-Komplexen sehr niedriger Dichte (VLDL) im Blut statt. Außerdem werden in der Leber aus Cholesterol auch die Gallensäuren gebildet.

In der Leber findet auch ein intensiver *Protein-Stoffwechsel* statt. *Enzyme* zur Steuerung der spezifischen Reaktionen werden in der Leber selbst gebildet, außerdem *Speicherproteine* zur Versorgung des Organismus mit essenziellen Aminosäuren und *Plasmaproteinen*. Die Aminosäuren zur Synthese von Plasmaproteinen werden dem Plasma entnommen (oder auch in der Leber gebildet). Die Syntheseprozesse finden dann an den Ribosomen des rauen endoplasmatischen Reticulums (s. Abschnitt 2.2) statt. Der Golgi-Apparat ist für die Proteinmodifizierung zu Glycoproteinen und Peptiden zuständig. Die für die Blutstillung und Blutgerinnung notwendigen Proteine werden ebenfalls in der Leber synthetisiert.

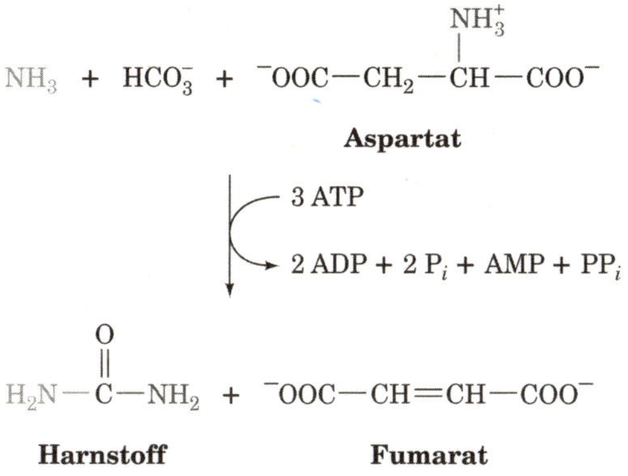

$$NH_3 + HCO_3^- + {}^-OOC-CH_2-\overset{\overset{\displaystyle NH_3^+}{|}}{CH}-COO^-$$

Aspartat

$$\begin{array}{c} \text{3 ATP} \\ \downarrow \\ \text{2 ADP + 2 } P_i \text{ + AMP + PP}_i \end{array}$$

$$H_2N-\overset{\overset{\displaystyle O}{||}}{C}-NH_2 + {}^-OOC-CH=CH-COO^-$$

Harnstoff   **Fumarat**

Abb. 22 Harnstoff-Zyklus. (Aus: Voet/Voet/Pratt: »Lehrbuch der Biochemie«, 2002 – S. 653 oben.)

In der Leber entstehen durch den Abbau von Aminosäuren und Purinen nennenswerte Mengen *Ammoniak*, das ein Zellgift ist. Zur *Entgiftung* verfügt die Leber über den *Harnstoff-Zyklus*. Vereinfacht lässt sich feststellen, dass die beiden Stickstoffatome des Harnstoffs ($H_2N-CO-NH_2$) aus Ammoniak und Aspartat stammen, der Carbonyl- (–CO)-Teil aus dem Hydrogencarbonat. Der komplexe und mit einem hohen Energieaufwand verbundene Harnstoff-Zyklus findet *nur in der Leber* statt. Weiterhin ist die Leber Ort des Ethanol-Stoffwechsels mit dem Abbau von Ethanol zunächst durch die Alkohol-Dehydrogenase zu Ethanal und weiter durch die Aldehyd-Dehydrogenase zu Acetat. In den Intermediärstoffwechsel wird Ethanol durch das Enzym Acetat-CoA-Ligase unter ATP-Verbrauch »eingespeist«, und zwar als Acetyl-CoA.

Die Leber ist über diese vielfältigen Stoffwechselvorgänge und Stoffkreisläufe hinaus ein äußerst wichtiger Ort der *Entgiftung* auf den Wegen der *Biotransformation*. Die Mechanismen der Biotransformation führen zur Bildung inaktiver Fremdstoffe, die über die Niere ausgeschieden werden können. Man unterscheidet zwei Phasen. In den *Phase-I-Reaktionen* (Umwandlung) werden funktionelle Gruppen in toxisch wirkende unpolare Stoffen eingeführt, sodass sie wasserlöslich werden und in der Regel ihre biologische Aktivität verringert wird. Wichtige Typ-I-Reaktionen sind Oxidationen und Reduktionen, Methylierungen und Desulfurierungen. Sie finden im glatten endoplasmatischen Reticulum der Hepatocyten (Leberzellen) statt. Die Oxidationsreaktionen werden von den *Cytochrom-P-450*-Systemen katalysiert. Als Cytochrom wird eine Gruppe lebenswichtiger Häm-Eisen-Proteine bezeichnet. Wirkmechanismus ist der Wertigkeitswechsel Eisen(II)/Eisen(III) im Molekül. Cytochrome spielen eine wesentliche Rolle innerhalb der Atmungskette und der Photosynthese. Die Monooxygenase P-450 (Cytochrom P-450) wurde nach der Pigmentabsorption bei 450 nm benannt. In den *Phase-II-Reaktionen* werden Konjugate aus den Produkten der Phase-I-Reaktionen gebildet, meist durch Bindung an Glucuronsäure. Diese Konjugate werden dann entweder von der Leber zusammen mit Galle oder über die Niere ausgeschieden.

In der *Niere* finden sowohl physikalisch-chemische als auch biochemische Vorgänge statt. Zu den physikalisch-chemischen Aufgaben zählen die Erzeugung von Primärharn durch *Ultrafiltration* des Plasmas und *Rückresorption* durch Entzug von Wasser, wodurch der Primärharn stark konzentriert wird und niedermolekulare Bestandteile durch aktiven Transport wieder in den Blutkreislauf gelangen. Wasserstoff- und Kalium-Ionen, Harnsäure und Kreatinin (Abbauprodukt des Kreatins aus Muskelgewebe und Blut) werden bereits durch aktiven Transport ausgeschieden. Harnkonzentrierung und selektive Transportprozesse sind sehr energieaufwendig. Das ATP wird durch den oxidativen Abbau von Glucose, Lactat, Pyruvat, Fettsäuren,

Glycerol, Citrat und Aminosäuren aus dem Blut gewonnen. Außer in der Leber (s. o.) findet auch in den Nieren die *Gluconeogenese* statt, vor allem mit Kohlenstoffgerüsten der Aminosäuren als Substrat. Entstehender Ammoniak dient auch zum Abpuffern des Urins. In der Niere findet mit hohen Aktivitäten zahlreicher Enzyme ein *Aminosäure-Stoffwechsel* statt. Wichtige Ausscheidungsprodukte sind *Harnstoff* (in der Leber gebildet), die Ausscheidungsform des Stickstoffs aus Proteinen und Aminosäuren, *Harnsäure* (Endprodukt des Purin-Stoffwechsels), das bereits genannte *Kreatinin* (aus dem Muskel-Stoffwechsel), *Aminosäuren* (mengenmäßig abhängig von der Ernährung und der Leistungsfähigkeit der Leber) und *Konjugate* aus »Entgiftungsreaktionen«, der Biotransformation (s. o.) in der Leber, mit Glucuronsäure (auch mit Schwefelsäure als Sulfate), viele Metabolite von *Hormonen* (s. Abschnitt 4.2.3) wie Catecholamine (Adrenalin, Noradrenalin, Dopamin), Steroide sowie Elektrolyte (Ionen von Natrium, Kalium, Calcium Magnesium – Ammonium, Chlorid, Sulfat, Phosphate). Die *gelbe Farbe* des Urins verursachen (leicht oxidierbare) *Urochrome*, Verwandte der Gallenfarbstoffe; sie entstehen beim Abbau von Hämoglobin.

Neben den Ausscheidungs- und Stoffwechselfunktionen hat die Niere noch zwei weitere wichtige Aufgaben. Erstens produziert sie *Hormone*: Erythropoietin (für die Bildung und Reifung der Erythrocyten verantwortliches, auch gentechnisch herstellbares Glykoprotein-Hormon aus 166 Aminosäuren, Molmasse 34000) und *Calcitriol* (steroidverwandtes Polypeptid-Hormon mit einer Rolle im Calcium-Stoffwechsel, der Biomineralisation, daher auch als antirachitisches Vitamin bezeichnet). Zweitens wird in der Niere auch eine Vorstufe des *Renins* (Prorenin) gebildet (nicht mit Rennin in Kälbermägen als Mittel zur Milchgerinnung bei der Käseherstellung zu verwechseln). Das *Renin-Angiotensin-[Aldosteron]-System* steuert den Natrium-, Kalium- und Wasserhaushalt sowie den Blutdruck im Körper.

4
Wie alles sich zum Ganzen webt...

Diese Kapitelüberschrift stammt von Johann Wolfgang von Goethe
– aus dem *Faust*, 1. Teil – und setzt sich fort: »Eines in dem andern
wirkt und lebt!« Im »Goethe-Handbuch« wird dem Begriff *Leben* ein
eigenständiger Abschnitt gewidmet, in dem zahlreiche Stellen auch
aus Goethes Werken genannt werden. Zusammenfassend stellt der
Autor Werner Keller fest:

>»Der Begriff umfasst bei G. die organische und die anorganische
>Schöpfung in ihrer seit der Renaissance proklamierten unaufhörlichen
>Tätigkeit (als Selbstregulation und Selbstregeneration), schließt das
>den Schöpfer auszeichnende Prädikat ein – ›Das Werdende, das ewig
>wirkt und lebt‹ (Faust I, V. 346; WA I, 14, S. 23) – und bezeichnet das
>allem Geschöpflichen immanente Geist-Prinzip...«

Zwei Monate vor seinem Tod schrieb Goethe in einem Brief, datiert
auf den 21. Januar 1832, an den Pharmazeuten und Chemiker Heinrich Wilhelm Friedrich *Wackenroder* (1798–1854) im Zusammenhang mit seinen Arbeiten zur Pflanzenchemie u.a.:

>» ... Es interessiert mich höchlich, inwiefern es möglich ist, der orga-
>nisch-chemischen Operation des Lebens beizukommen, durch welche
>die Metamorphose der Pflanzen nach einem und demselben Gesetz
>auf die mannigfaltigste Weise bewirkt wird...
>
>Da wir nun in Unterscheidung der greif- und wägbaren Elemente, so
>wie der gasartigen, durch die Chemiker immer weiter vorrücken, so bin
>ich geneigt zu glauben, es müsse sich eine Succession [zeitliche Aufei-
>nanderfolge] von Entwicklungen und Aneignungen noch bestimmter
>anzeigen lassen...
>
>...Fahren Sie fort, mit allem dem was Sie interessiert mich bekannt zu
>machen, es schließt sich irgendwo an meine Betrachtungen an, und ich
>finde mich im hohen Alter sehr glücklich, daß ich das Neueste in den
>Wissenschaften nicht zu bestreiten nötig habe, sondern durchaus mich
>erfreuen kann, im Wissen eine Lücke ausgefüllt und zugleich den le-

bendigen Ramifikationen [Verästelungen, Verzweigungen] der Wissenschaft sich anastomosieren [vereinen] zu sehen.«

Goethe starb am 22. März 1832.

Im Zusammenhang nicht nur mit diesem weit in die Zukunft der »Lebenswissenschaften« hinein weisenden Text Goethes ist auch das Wirken von Wackenroder von Interesse. *Wackenroder* wird als der Begründer der Pharmazie an der Universität Jena angesehen. Er stammte aus einer Ärzte- und Apothekerfamilie, absolvierte eine Lehre in der Hofapotheke zu Celle und war danach in der Apotheke seines Vaters in Burgdorf bei Hannover tätig. 1825 begann er ein Studium der Chemie, Pharmazie und Medizin in Göttingen. Nach einem Brand in der Apotheke seines Vaters, durch den sein weiteres Studium gefährdet erschien, erhielt er bei dem Göttinger Professor für Medizin und Chemie Friedrich *Strohmeyer* (1776–1835) eine Assistentenstelle. 1827 konnte er in Erlangen über *Lipochrome* zum Dr. phil. promovieren, 1828 erfolgte die Habilitation in Göttingen. Kurz danach wurde er als ao. Professor für Pharmazie nach Jena berufen. Seine Vorlesungen hielt er über Pharmazie, Phytochemie, Analytische Chemie und Zoochemie. 1838 erhielt er eine o. Professur und 1849 wurde er der Nachfolger von Johann Wolfgang *Döbereiner* (1780–1849) auf dem Lehrstuhl für Chemie. 1826 isolierte Wackenroder das *Corydalin* (ein tetracyclisches Isochinolin-Alkaloid mit narkotischer, auch muskellähmender Wirkung) aus den Wurzelstöcken der Pflanze *Corydalis cava* (Hohler Lerchensporn) und 1831 das Carotin aus der Mohrrübe.

Das Motto *Wie alles sich zum Ganzen webt* verwendet auch Hans-Joachim Flechtner (s. Vorwort) in seinem Buch »Chemie des Lebens«, nachdem er auf 346 Seiten sowohl anatomische, physiologische als auch biochemische Aspekte des Lebens nach dem Stand des Wissens seiner Zeit (1952) dargestellt hat. In diesem Buch habe ich in den vorangegangenen Kapiteln eher eine subjektive Auswahl getroffen, die nur ein grob gezeichnetes Bild wesentlicher chemischer Lebensvorgänge ergeben kann. Im folgenden Kapitel sollen noch fehlende Informationen (von Hormonen bis zu den Genen) und vor allem übergreifende, spezielles Wissen zusammenfassende Themen vermittelt werden, die mit dem Abschnitt »Synthetische Biologie« wieder zum Anfang zurückführen.

4.1 Abbau, Umbau und Aufbau von Stoffen – Beispiele stofflicher Vernetzungen

Am Beispiel von vier relativ bekannten Substanzen, *Glykogen, Brenztraubensäure, Glutaminsäure* und *Tyrosin,* die bis auf das Tyrosin bereits in den früheren Kapiteln genannt und zum Teil ausführlicher beschrieben wurden, soll gezeigt werden, dass Abbau, Umbau und Aufbau von Stoffen zusammenwirken, dass Baustoff- und Energiestoffwechsel miteinander verknüpft sind und so einzelne Reaktionen und auch Zyklen zusammenwirken. *Flechtner,* der ja auch Musik studiert hatte (s. Vorwort), formulierte es so:

»Das musikalische Werk entsteht erst im Zusammenspiel aller Stimmen – und ebenso entsteht das, was wir das chemische Lebensgeschehen im Organismus nennen, erst im Zusammenwirken von Abbau, Umbau und Aufbau – von Kohlenhydrat-, Fett-, Eiweiß- und Nucleinstoffwechsel.«

Glykogen

Glykogen ist in Säugetieren, Pilzen und Bakterien die Speicherform der *Glucose* (s. Abschnitt 3.5), vergleichbar mit der *Stärke* in Pflanzen (Abschnitt 2.3). Sowohl das Gehirn als auch die Erythrocyten benötigen eine kontinuierliche Versorgung mit Glucose als alleinige Energiequelle; Gewebe dagegen kann auch Fettsäuren durch Oxidation zur Energiegewinnung verwenden. Glucose kann in Zellen nicht gespeichert werden, da diese durch hohe Glucosekonzentrationen im Inneren stark hypertonisch würden und ein Einstrom von Wasser die Folge wäre. Glykogen als nicht in Wasser lösliches Makromolekül hat keinen Einfluss auf den osmotischen Druck der Zellen.

Glykogen wird *aufgebaut* – Glykogen wird *abgebaut* – in Reaktionsfolgen, die als *Glykogenese* bzw. *Glykogenolyse* bezeichnet werden. Im Muskel dient Glykogen zur Energieversorgung, die Leber ist das zentrale Speicherorgan. Vor allem im Schlaf sorgt sie für die Energieversorgung der Zellen des Nebennierenmarks und der Erythrocyten; diese sind auf Glucose als Energielieferant unbedingt angewiesen. Gesteuert wird der *Blutzucker-Spiegel* über Glykogenese und Glykogenolyse durch verschiedene Hormone (s. Abschnitt 4.4): Insulin fördert den Glykogenaufbau, Adrenalin und Glucagon beeinflussen den Glykogenabbau. Die Schlüsselverbindung für den Glucosestoffwechsel ist das *Glucose-6-phosphat* (G-6-P), das mit Hilfe der Hexokinase aus freier Glucose entsteht – Produkt sowohl der Glykogenolyse als auch der Glykogenese. G-6-P kann entweder zur Synthese des Glykogens verwendet werden oder in der *Glykolyse* weiter über Glucose und Pyruvat abgebaut werden. Bei diesem Abbau stellt es ATP und Kohlenstoffatome als Acetyl-CoA zur Verfügung, die in den Citronensäurezyklus eingeschleust und dort weiter oxidiert werden. Über den *Pentosphosphat-Weg* liefert es NADPH und/oder Ribose-5-phosphat. Beim Abbau ist Energie gewonnen worden, beim Aufbau muss Energie wieder zur Verfügung gestellt werden.

Die Synthese des Glykogenmoleküls erfolgt an einem *Core-Protein*, *Glykogenin* genannt, das als Enzym bereits einige Moleküle α-1,4-glykosidisch gebundener Glucose enthält, die als Primer wirken. Eine Kopplung von Glucose-6-phosphat an Glykogenin ist aber nur möglich, wenn es zuvor durch das Enzym Phosphoglucomutase zu Glucose-1-phosphat isomerisiert und dann durch Uridintriphosphat aktiviert wurde. Danach liegen UDP-Glucose und freies Diphosphat vor. Die aktivierte Form der Glucose, UDP-Glucose, kann an den Primer oder auch an die schon gewachsene Glykogenkette am nicht reduzierenden Ende angefügt werden. Auf diesem Wege entsteht eine lange Kette; für Verzweigungen steht ein anderes Enzym zur Verfügung, *branching enzyme* genannt, dass die Kette alle sieben bis zwölf Glucosemoleküle abschneidet und das abgeschnittene Stück der Glucose-Kette seitlich, d. h. α-1,6-glykosidisch, an eine mindestens elf Moleküle lange Kette wieder anbindet.

Die Muskulatur weist zwar insgesamt die größte Menge an Glykogen auf, es fehlt jedoch dort das Enzym Glucose-6-phosphatase, das nur in Leberzellen, Nierenzellen und Enterocyten (Darmzellen) vorkommt. Beim Abbau des Glykogens in den Muskelzellen findet daher eine Umwandlung in das Fructose-6-phosphat statt, dass dann über mehrere Stufen bis zur Brenztraubensäure abgebaut wird. Diese kann noch weiter bis zur Milchsäure reduziert werden, sodass ein Glykogenaufbau auch aus Brenztrauben- und Milchsäure (durch Umkehrung) erfolgen kann.

Glykogen kann nicht nur aus Glucose, sondern auch aus anderen Bausteinen synthetisiert werden. Beim Eiweißabbau entstehen durch Desaminierung α-Ketosäuren – Brenztraubensäure, Oxalessigsäure, α-Ketoglutarsäure –, von denen die Brenztraubensäure (Pyruvat) direkt zum Glykogenaufbau verwendet werden kann. Die Oxalessigsäure muss zunächst durch Decarboxylierung in Brenztraubensäure um-

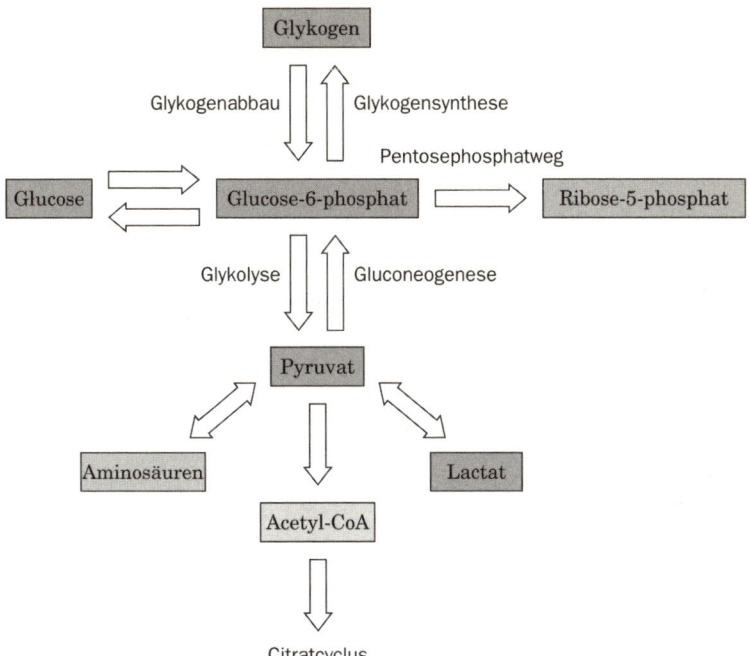

Abb. 23 Zur Gluconeogenese: Glykogen-Aufbau und die Zusammenhänge mit dem Citronensäure-Zyklus, der Bildung von Lactat und von Aminosäuren; s. auch ausführlich in Abschnitt 4.1. (Aus: Voet/Voet/Pratt, »Lehrbuch der Biochemie«, 2002 – Abb. 15-1: Übersicht über den Glucosestoffwechsel, S. 450.)

gewandelt werden, die α-Ketoglutarsäure geht über den Tricarbonsäure-Zyklus in Oxalessigsäure über. Man kann somit diese drei α-Ketosäuren auch als *Schaltstellen* zwischen Kohlenhydrat- und Eiweißstoffwechsel bezeichnen. Der Abbau der Eiweißstoffe kann, wenn es für den Körper aufgrund eines Mangels an Glucose ratsam ist, auch in den Kohlenhydratstoffwechsel umgelenkt werden. Darüber hinaus gibt es auch noch eine *Brücke* zu den *Fetten* – vom Pyruvat über Acetyl-CoA mit seiner Schlüsselrolle im Citronensäure-Zyklus, der Atmungskette, Eiweiß-, Kohlenhydrat- und Fettstoffwechsel miteinander verbindet, und bei der Fettsäuresynthese. Lactat und Aminosäuren sind somit Vorläufermoleküle der Gluconeogenese.

Brenztraubensäure
Ohne auf die vielen heute bekannten Einzelheiten der hier nur umrissenen Stoffwechselvorgänge einzugehen, soll die besondere

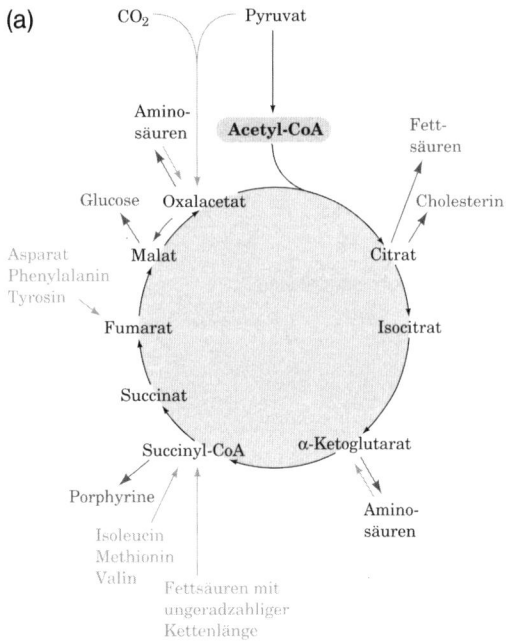

(a)

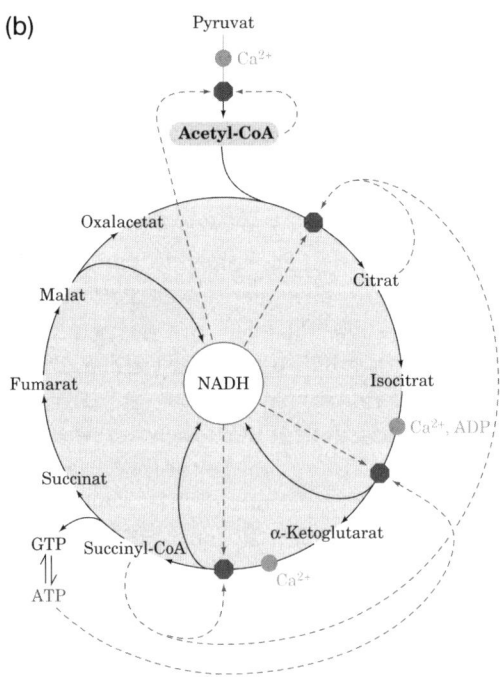

(b)

Abb. 24 (a) Die zentralen Funktionen des Citronensäure-Zyklus (Krebs- oder Tricarbonsäure-Zyklus) im anabolen und im katabolen Stoffwechsel und (b) die Regulation des Citronensäure-Zyklus. (Aus: Voet/Voet/Pratt: Lehrbuch der Biochemie 2002 – Abb. 16-15 und 16-14, S. 512 bzw. 511.)

Rolle, die *zentrale Stellung* der *Brenztraubensäure* (2-Oxo-propionsäure; als Salz: Pyruvat) herausgestellt werden: Im *Energiestoffwechsel* wird sie aus Kohlenhydraten (unter Mitwirkung von ADP und ATP) enzymatisch gebildet. Ihre Decarboxylierung in Gegenwart des Coenzyms A liefert das zum Aufbau der Fette und im Citronensäure-Zyklus benötigte Acetyl-CoA. Eine enzymatische Aminierung in der Leber führt zur Aminosäure Alanin, im Muskelgewebe wird Brenztraubensäure anaerob zur Milchsäure (Lactat) reduziert. Durch Anlagerung von Kohlenstoffdioxid entsteht die Oxalessigsäure, aus der durch Umaminierung die Asparaginsäure gebildet werden kann. Brenztraubensäure ist somit ein häufiges Zwischenprodukt sowohl des aeroben als auch des anaeroben Stoffwechsels. Im Cytoplasma, wo Glucose im Verlauf der Glykolyse vor dem Abbau zur Brenztraubensäure zweifach phosphoryliert wird, gewinnt die Zelle pro Mol Glucose neben 2 Mol Brenztraubensäure noch 2 Mol ATP bzw. 2 Mol NADH. Im *Krebs-* oder *Tricarbonsäure-Zyklus* können dann aus dem bei der Glykolyse gewonnenen 1 Mol Brenztraubensäure in der Mitochondrien 6 Mol Kohlenstoffdioxid, 8 Mol NADH, 2 Mol FADH und 2 Mol ATP entstehen. Unter anaeroben Bedingungen (»Gärung«) wird Brenztraubensäure zu Milchsäure (Lactat) oder Ethanol verstoffwechselt. (Über die hormonelle Regulation des Auf- und Abbaus von Glykogen wird in Abschnitt 4.4 berichtet.)

Glutaminsäure

Als zweites Beispiel für die Vielfalt der Umwandlungsmöglichkeiten eines biochemisch bedeutsamen Stoffes sei hier die *Glutaminsäure* ausgewählt, die als Lebensmittelzusatzstoff (Geschmacksverstärker Glutamat) immer wieder angegriffen wird. 1866 wurde sie von dem Agrikulturchemiker Heinrich *Ritthausen* (1826–1912) aus Eiweißstoffen isoliert. Ritthausen studierte in Leipzig Chemie und war 1854–1856 an der Landwirtschaftlichen Versuchsstation Möckern, 1858–1868 als Professor für Agrikulturchemie an der Landwirtschaftlichen Akademie Waldau bei Königsberg, 1868–1873 an der Landwirtschaftlichen Akademie in Bonn-Poppelsdorf und 1873–1899 als o. Prof. für Agrikulturchemie an der Universität Königsberg tätig. 1872 erschien in Bonn sein Hauptwerk »Die Eiweißkörper der Getreidearten, Hülsenfrüchte und Ölsamen. Beiträge zur Physiologie der Samen der Culturgewächse, der Nahrungs- und Futtermittel.«

Glutaminsäure als proteinogene (proteinbildende) Aminosäure ist in der Natur weit verbreitet, besonders im Gliadin des Weizens, in Mais- und Sojaproteinen, Spargel, Keratin, Fibrin, Ei- und Milcheiweiß (Casein) – so 23,6 % im Casein, 19,8 % im Pepsin, 14,6 % im Fleischeiweiß und 31,4 % im Weizenprotein.

1907 entdeckte der japanische Chemiker *Ikeda Kikunae* (1864-1936) den bereits in Kapitel 3.4 erwähnten »fünften Geschmackssinn«, den er *umami* (von jap. »umai«, fleischig und herzhaft, wohlschmeckend) nannte – die wirksame Komponente der in Japan zur Geschmacksverbesserung von Suppen benutzten Alge *Laminaria japonica*. 1908 isolierte er daraus in kristalliner Form des *Mononatriumglutamat*. Ikeda hatte an der Kaiserlichen Universität in Tokio Chemie studiert, wurde dort 1896 Assistenzprofessor für Chemie und ging 1899 für zwei Jahre an die Universität Leipzig, um bei Wilhelm *Ostwald* (1853–1932) physikalische Chemie zu studieren. 1902 wurde er o. Professor in Tokio, ab 1932 widmete er sich der Verbesserung der Produktion von Mononatriumglutamat. Ikedas Definition eines »fünften Geschmackssinns« ist heute nach der Identifizierung eines Geschmacksrezeptors als eine fünfte Qualität elementarer Natur anerkannt. Bei überempfindlichen Menschen kann der Genuss größerer Mengen an Glutamat das »China-Restaurant-Syndrom« auslösen, das mit subjektiven Beschwerden wie Schläfendruck, Kopfschmerzen, Gliederschmerzen verbunden ist.

Physiologisch von Bedeutung ist die L-Glutaminsäure nicht nur als Baustein von Proteinen, sondern sie spielt auch eine wesentliche Rolle im Zellstoffwechsel, und zwar in Verbindung mit dem Citronensäure-Zyklus als Brücke zum Kohlenhydratstoffwechsel. Außerdem ist sie an der Bildung anderer Aminosäuren beteiligt und bindet das Zellgift Ammoniak, das beim Protein- und Aminosäureabbau frei wird, unter Bildung von Glutamin.

Noch allgemeiner kann man die Glutaminsäure als Aminogruppen-Speicher und als Aminogruppen-Donator (bei Umaminierungen) bezeichnen. Speziell wird sie durch Desaminierung in die schon ausführlich beschriebene α-Ketoglutarsäure umgewandelt und gelangt so in den Citronensäure-Zyklus, wo sie (s. o.) dann auch zum Aufbau von Glykogen zur Verfügung stehen kann. Ein anderer Weg führt über die Oxalessigsäure und Brenztraubensäure zu den Fettsäuren und somit zum Aufbau von Körperfett.

Die oben genannte Entgiftung von Ammoniak geht vom α-Ketoglutarat aus, das mit Hilfe des Enzyms Glutamatdehydrogenase (GDH) ein Ammonium-Ion aufnimmt, wodurch L-Glutamat entsteht. Mithilfe der Glutamin-Synthase (und ATP) entsteht als Intermediat γ-Glutamylphosphat, das nochmals ein Molekül Ammoniak zur Bildung des Glutamins aufnimmt.

L-Glutamat ist aber zugleich auch der wichtigste erregende *Neurotransmitter* im zentralen Nervensystem. Durch Decarboxylierung von Glutamat entsteht in vielen Regionen des Gehirns 4-Aminobutyrat (bzw. γ-Aminobuttersäure, GABA abgekürzt), eine neuronenspezifische Aminosäure. Die allgemeine Definition für Neurotransmitter lautet, dass es sich um Substanzen handelt, die von Nervenzellen frei gesetzt werden, um das Verhalten der sie umgebenden Zellen zu beeinflussen. Sie haben somit nur eine geringe Reichweite und auch Lebensdauer.

Tyrosin

Mit der nächsten Aminosäure, dem *Tyrosin*, nähern wir uns dem Thema des folgenden Kapitels. L-Tyrosin wurde erstmals aus Käse (griech. *tyros*: Käse) isoliert und kommt im Körper in vielen Proteinen vor. Säugetiere können L-Tyrosin aus der essenziellen Aminosäure L-Phenylalanin durch 4-Hydroxylierung am Phenylring synthetisieren. Diese *Biosynthese* wird vom Enzym Phenylalaninhydroxylase und dem Coenzym Biopterin gesteuert. Bei dieser Reaktion wird ein Sauerstoffmolekül benötigt und Wasser gebildet. Ein anderer, sehr komplizierter Weg über zahlreiche Reaktionsschritte geht vom Glykolyse-Intermediat Phosphoenolpyruvat (s. o.) aus.

Ein *Abbauweg* führt zur Acetessigsäure (und zwei Mol Kohlenstoffdioxid). *Umwandlungen* des Tyrosins spielen in der Synthese der Hautpigmente, der Melanine, eine wichtige Rolle. Die Bildung der Hauptpigmente verläuft über Oxidationen, wobei das UV-Licht eine wichtige Rolle spielt. Es entstehen zunächst Oxy- und Dioxyphenylalanin (DOPA). Durch Reduktion (Abspaltung von zwei Wasserstoffatomen) bildet sich das DOPA-Chinon, es folgen eine Ringbildung, erneute Wasserstoff-Abspaltung, ein Abbau der Seitenkette, eine Wasserstoffumlagerung bis zum Dioxyindol, aus dem dann der braune bis schwarze Hautpigmente, die *Eumelanine* mit Indolgerüsten, entstehen.

Insgesamt ist Tyrosin je nach Reaktionsmöglichkeiten (Weichenstellung) eine Schlüsselsubstanz bei der Entstehung u. a. von Catecholaminen (biogenen Aminen) mit Wirkungen als Hormone und Neurotransmitter und von den Schilddrüsenhormone Thyroxin und Triiodthyronin dar. Thyroxin leitet sich vom Tyrosin ab, von dem es sich durch eine zusätzliche Phenolgruppe in Ether-Bindung und vier Iodatome unterscheidet. Das Triiodthyronin entsteht durch Abspaltung von Iod. In Proteinen hat L-Tyrosin als Akzeptor von Phosphat-Gruppen Funktionen in Signaltransduktionsprozessen. Die Phosphat-Gruppen werden durch Proteinkinasen, sogenannte Rezeptor-Tyrosinkinasen, übertragen und verändern das Zielprotein in seiner Aktivität. Durch spezielle Vorgänge kann schließlich aus Tyrosin durch Abspaltung der Aminosäure Alanin das toxisch wirkende Phenol entstehen, das als Sulfatkonjugat entgiftet und mit dem Harn ausgeschieden wird.

H.-J. *Flechtner*, dessen Beispiele in diesem Kapitel durch das Lehrbuchwissen von heute ergänzt wurden, stellt abschließend fest, dass Abbau und Aufbau sowie Umbau biogener Substanzen vom Betrachter kaum noch zu trennen seien und oft in einem sehr komplizierten, weil differenzierten Verlauf ineinandergreifen. Vom Kohlenhydratstoffwechsel führe der Weg zu den Fetten oder zu den Proteinen, aber nicht ungeordnet, sondern gesteuert. Weichen würden gestellt, wobei Weichenstellungen nicht nur durch pH-Werte und Redoxpotenziale oder die Anhäufung bestimmter Substanzen bzw. deren Mangel erfolgten, sondern eine übergeordnete Steuerung vorhanden sei mit regulierenden Faktoren, welche die zahlreichen Enzyme aktivieren oder hemmen würden. Schließlich mache das Zusammenspiel aller Kräfte und Substanzen das Ganze, nämlich die Einheit des Lebensgeschehens, aus, worin sich das Motto *Wie alles sich zum Ganzen webt* widerspiegelt.

4.2 Werkzeuge, Arbeiter, Boten: Enzyme, Vitamine, Hormone

Als *Werkzeuge, Arbeiter* und *Boten* bezeichnet H.-J. Flechtner in seinem Buch »Chemie des Lebens« die Enzyme als Werkzeuge der Zellen, die Coenzyme und Vitamine als einzuführende Werkzeuge und die Hormone mit ihren unterschiedlichen Aufgaben der Regulierung, Auslösung bestimmter Einzelvorgänge und Vorbereitung bestimmter Organe für ihre Aufgaben.

4.2.1 Enzyme

Die wichtigsten *Werkzeuge*, von denen viele in den vorhergehenden Kapiteln bereits vorkamen, sind die *Enzyme* als *Biokatalysatoren*.

Die praktische Nutzung biochemischer Vorgänge, die von Enzymen bestimmt sind, ist bis in das 3. Jahrtausend vor Christus zurückzuverfolgen. Auf einer Tontafel der Sumerer, die im Louvre in Paris aufbewahrt wird, ist die Bierbereitung aus Emmer (einer Getreideart) dargestellt. Aus gekeimten Körnern, dem Malz, erhielt man einen süßen Saft, aus dem unter Luftabschluss durch *Gärung* ein leicht säuerlich schmeckendes alkoholisches Getränk entstand. Bei diesem frühen Verfahren der Biotechnologie fanden die alkoholische und parallel dazu die Milchsäure-Gärung statt. *Homer* beschrieb das Gerinnen von Milch nach dem Zusatz von Feigensaft, in dem die Protease *Ficin* enthalten ist.

Justus von Liebig schrieb in der letzten Ausgabe seiner »Chemischen Briefe« (Volksausgabe 1865) im »Siebzehnten Brief« über »Gährung – Ferment« u.a.:

»Alle der Fäulnis unfähigen *Materien* heissen gährungsfähig, wenn sie die Eigenschaft besitzen, in Berührung mit faulenden Stoffen eine Zersetzung zu erleiden; der Process ihrer Zersetzung heisst jetzt Gährung; der faulende Körper, durch welchen derselben bedingt ist, empfängt jetzt den Namen *Ferment*. [...]«

Am Ende des Abschnittes zu diesem Thema stellt Liebig dann fest:

»Die Wirkung der Fermente auf gährungsfähige Stoffe ist der Wirkung der Wärme auf organische Substanzen ähnlich; die Zersetzung derselben bei höheren Temperaturen ist stets die Folge eines Wechsels in der Lage der Elementartheilchen; ...«

Den Begriff Katalyse verwendete Liebig nicht, obwohl Jöns Jacob *Berzelius* (1779–1848) ihn 1835 geprägt hatte:

»Wir bekommen begründeten Anlass zu vermuten, dass in den lebenden Pflanzen und Thieren Tausende von katalytischen Prozessen zwischen den Geweben und Flüssigkeiten vor sich gehen.«

Die wissenschaftliche Erforschung der Enzyme begann bereits 1833. Der französische Chemiker Anselme *Payen* (1795–1871), Direktor einer Pariser Zuckerfabrik, der u. a. über die Reinigung von Zucker, über Cellulose und Papier arbeitete, wurde vor allem durch die Entdeckung des ersten Enzyms, der *Diastase* (Amylase) bekannt, das er zusammen mit Jean-Francois *Persoz* (1805–1868; Professor für Chemie in Straßburg, später in Paris) aus Malz isolierte und deren Wirkung er im Speichel nachwies. 1836 isolierte der Mitbegründer der Zellenlehre Theodor *Schwann* (1810–1882) *Pepsin* als eiweißspaltendes Enzym im Magensaft. Er ging davon aus, dass Fäulnis, die Zersetzung einer Substanz (eine Fermentation) durch Mikroorganismen bewirkt würde. So unterschied man zwischen *Fermenten* (Hefen und anderen Mikroorganismen) und »nicht organisierten« löslichen Fermenten (Diastase, Pepsin). 1837 entdeckten Friedrich *Wöhler* (1800–1882) und Justus von *Liebig* die Spaltung von Amygdalin (in Mandeln: Glykosid aus Mandelsäurenitril und Gentobiose) durch *Emulsin* (Gemisch aus β-Glucosidasen und Hydroxynitrilase, aus Steinobstarten und Pilzen isolierbar). Nach dem Physiologen Wilhelm Friedrich *Kühne* (1837–1900), 1871 Nachfolger von Hermann von Helmholtz an der Universität Heidelberg, wurden die Letzteren ab 1878 *Enzyme* genannt. 1897 entschied Eduard *Buchner* (1860–1917), ab 1896 ao. Professor für analytisch-pharmazeutische

Chemie in Tübingen, später in Berlin, Breslau und ab 1911 in Würzburg, die Streitfrage zwischen *Pasteur* und *Liebig*: Wurden Gärungen von Mikroorganismen bzw. lebenden Zellen (in vivo) oder durch spezielle Substanzen (in vitro), die Enzyme, verursacht? Buchner verrieb Hefe mit Quarz und Kieselgur, presste die Masse in einem Tuch mit Hilfe einer hydraulischen Presse aus und erhielt so einen zellfreien Hefepresssaft, der mit Zucker die alkoholische Gärung erzeugte.

1926 konnte der Amerikaner James B. *Sumner* (1887–1955), Professor an der Cornell Universität in Ithaca (New York), aus Schwertbohnen durch Extraktion mit Aceton das Enzym *Urease* nicht nur isolieren, sondern auch *kristallisieren* (1937 außerdem die Katalase). John H. *Northrop* (1891–1975) kristallisierte zwischen 1930 und 1933 am Rockefeller Institute in Princeton weitere Enzyme, darunter auch *Pepsin*. Beide wiesen nach, dass es sich um Proteine handelte. 1946 erhielten beide den Nobelpreis.

1894 formulierte Emil *Fischer* (1852–1919; ab 1892 in Berlin – Nobelpreis 1902) sein *Schlüssel-Schloss-Prinzip* als Erklärung für die Spezifität von Enzymwirkungen. Die kinetische Theorie der Enzymreaktion wurde von Leonor *Michaelis* (1875–1949; Dr. med. in Berlin, bis 1922 Prof. in Berlin) und Maud Leonora *Menten* (1879–1960; kanad. Medizinerin) 1913 in Berlin nach Untersuchungen zur Reaktionsgeschwindigkeit enzymatischer Prozesse bei konstanter Enzymmenge und variabler Substratkonzentration entwickelt. Die *Gleichgewichtskonstante* ging als *Michaelis-Menten-Konstante* in die Literatur ein.

Svante *Arrhenius* (1859–1927) schrieb in seinem Buch »Die Chemie und das moderne Leben« (1922) im Kapitel »Der Verlauf der chemischen Prozesse« im Zusammenhang mit der Bildung und Zersetzung von Fetten:

> »Auch diese Reaktionen verlaufen langsam bei gewöhnlicher Temperatur, können aber durch Mineralsäuren oder sog. Enzyme, in diesem Falle Lipase genannt, beschleunigt werden.«

Über die Wirkung von Katalysatoren sowie speziell von Enzymen ist zu lesen:

> »Man denkt sich, um überhaupt die Wirkung der Katalysatoren sich vorstellen zu können, daß sie (...) »Zwischenprodukte« bilden, die sich fortlaufend in das Endprodukt und den Katalysator spalten, so daß der Katalysator vollständig regeneriert wird. Große Verdienste haben sich Ostwald, Bredig und Sabatier erworben. Auch bei den von Mikroorga-

nismen erzeugten Katalysatoren, Fermenten oder Enzymen hat man verschiedentlich die Bildung solcher »Zwischenprodukte« und die Abgabe der Endprodukte nachgewiesen.«

[Georg *Bredig* (1868–1944), 1894 als Postdoc bei van't Hoff in Amsterdam, 1895 bei Arrhenius in Stockholm, dann Assistent von Ostwald in Leipzig, bis 1933 Prof. in Heidelberg, ETH Zürich, TH Karlsruhe, Emigration in die USA; Paul *Sabatier* (1854–1941) ab 1884 Professor für Chemie an der Universität Toulouse, Nobelpreis 1912]

Über die *Wirkungsweise von Enzymen* sind heute zahlreiche Details bekannt, die weit über das einfache Modell von Emil *Fischer* hinausgehen. Fischer postulierte, dass Enzyme aktive Zentren, Vertiefungen auf der Oberfläche (wie Spalte oder Höhlen) aufweisen, die so geformt seien, dass die Substratmoleküle, und nur diese allein, genau dort hineinpassen wie ein Schlüssel in ein Schloss. Dieses Bild erklärt die hohe Spezität der Enzyme und macht auch verständlich, warum *Hemmstoffe* dem Substrat räumlich sehr ähneln – sie blockieren das Zentrum eines Enzyms wie ein »Dietrich« (so R. Renneberg in »Biotechnologie für Einsteiger«, 2006) oder ein »falscher« Schlüssel, der in einem Schloss steckenbleibt.

Enzyme als Biokatalysatoren sind Proteine mit funktionellen Gruppen, an denen sich die eigentlichen Stoffumsetzungen vollziehen. Sie beeinflussen die *Aktivierungsenergie* der Reaktion, d.h. sie erhöhen die Reaktionsgeschwindigkeit auf spezifische Weise. Sie enthalten *aktive Zentren*, welche die katalytische Aktivität und die Spezität der Reaktion bestimmen. Man unterscheidet absolut spezifische Enzyme (z.B. Glucose-6-Phosphat-Dehydrogenase), stereospezifische Enzyme (z.B. 1-Lactat-Dehydrogenase), gruppenselektive Enzyme (β-Fructosidase), weniger spezifische Enzyme (Hexokinasen) und gruppenspezifische Enzyme (Phosphatasen).

Eine Einteilung der Enzyme erfolgt nach ihren Funktionen:

- *Oxidoreduktasen* wie die Glucose-Oxidase oxidieren bzw. reduzieren Substratmoleküle,

- *Transferasen* übertragenen Molekülgruppen (Hexokinase z.B. phosphoryliert in 6-Stellung) – zu den *Polymerasen* als spezielle Transferasen,

- *Hydrolasen* spalten Substratmoleküle unter Einbau von Wasser (Lysozym: spaltet Glykosidbindungen zwischen den Aminozuckerbausteinen von Bakterienwänden),

- *Lyasen* spalten auf nichthydrolytischem Weg Atomgruppen ab bzw. katalysieren die umgekehrte Reaktion (Addition von Kohlenstoffdioxid durch Ribulose-1,5-biphosphat-Carboxylase im ersten Schritt des Calvin-Zyklus der Photosynthese),

- *Isomerasen* katalysieren eine Umwandlung in einem Molekül (Triosephosphat-Isomerase wandelt das Phosphat des Glycerinaldehyds (Triose) in der Glykolyse reversibel in das Phosphat des Dihydroxyacetons um),

- *Ligasen* verknüpfen Substratmoleküle unter ATP-Verbrauch (die in Leber und Niere verbreitete Pyruvatcarboxylase carboxyliert Brenztraubensäure zur Oxalessigsäure: $H_3C-CO-COOH + CO_2 + H_2O + ATP \rightarrow HOOC-CH_2-CO-COOH + ADP + Phosphat$).

Von grundlegender Bedeutung für das Verständnis enzymatischer Reaktionen sind *Näherungseffekte*, die bei der Bindung des Substrats an der Oberfläche des Enzyms eine Rolle spielen und generell bei intramolekularen Reaktionen auftreten. In Erweiterung der *Fischer*-Hypothese gilt die *Induced-fit*-Theorie von *Koshland jr.*, nach der sich Enzyme durch Konformationsänderungen der Struktur des Substrats anpassen. Bei Reaktionen, an denen mehr als ein Substrat beteiligt ist, unterscheidet man im Wesentlichen drei Mechanismen:

- Ein *geordneter Mechanismus* spielt eine Rolle, wenn zwei Substrate A und B (z. B. Substrat und Coenzym – s. u.) nacheinander an das Enzym gebunden werden und die Reaktion innerhalb des dann entstandenen ternären Komplexes erfolgt (Beispiel NAD- und NADP-abhängige Dehydrogenase-Reaktionen).

- Beim *Ping-Pong-Mechanismus* reagiert das Enzym mit dem Substrat A, wonach das Produkt Q unter Veränderung des Enzyms abdissoziiert. Erst in einer zweiten Reaktion erfolgt eine Regenerierung (Beispiel: Glutamat-Pyruvat-Transaminase(GTP)-Reaktion).

- Beim *zufälligen Mechanismus* werden im Unterschied zum geordneten Mechanismus alle binären Enzym-Substrat-Komplexe rasch und reversibel gebildet. Der langsamste Schritt, der die Umsetzung limitiert, ist dabei die Umwandlung des ternären Komplexes (Beispiel: Kreatin-Kinase-Reaktion).

Die wichtigsten Eigenschaften und Aufgaben von Enzymen sind:

- Nach der aktiven Wechselwirkung zwischen Substrat und Enzym erfolgt die *Bildung eines Übergangszustandes*;

- im *aktiven Zentrum* befinden sich auf kleinstem Raum hochreaktive chemische Gruppen (als »Nachbarschaftseffekt« bzw. *proximity effect* bezeichnet);

- das Substrat wird in das Zentrum hineingezogen (*circe effect*);

- die für eine Reaktion ohne Enzym erforderliche *Aktivierungsenergie* wird drastisch verringert.

Das Enzym *Lactat-Dehydrogenase* regeneriert im anaeroben Stoffwechsel der Muskeln das für die Glykolyse benötigte NAD^+, wobei Pyruvat zum Lactat reduziert wird: Pyruvat + NADH + $H^+ \rightarrow$ Lactat + NAD^+.

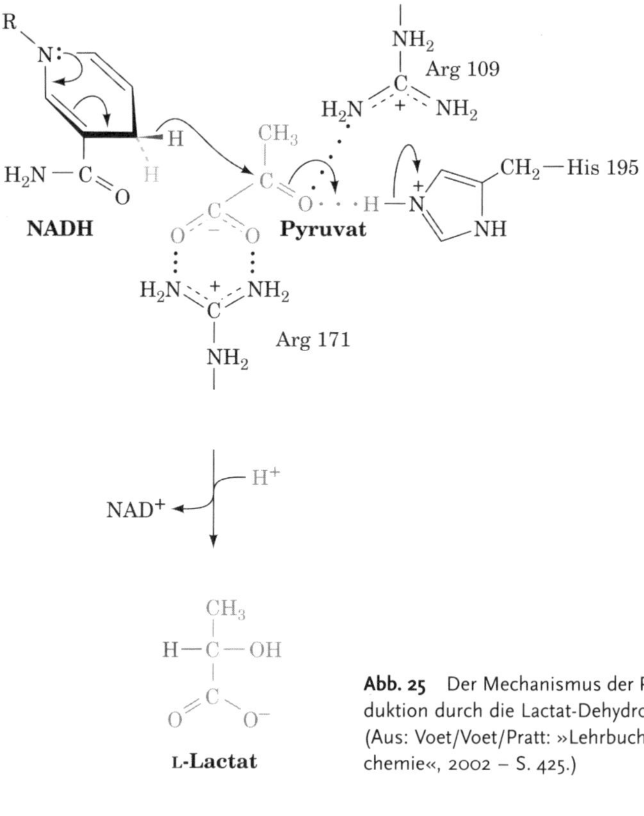

Abb. 25 Der Mechanismus der Pyruvat-Reduktion durch die Lactat-Dehydrogenase. (Aus: Voet/Voet/Pratt: »Lehrbuch der Biochemie«, 2002 – S. 425.)

An diesem Beispiel soll der Mechanismus des Enzyms im Einzelnen beschrieben werden. Die Lactat-Dehydrogenase (LDH) besteht aus vier Untereinheiten (*Tetramer*), wobei jede Untereinheit aus einer Peptidkette von 334 Aminosäuren gebildet wird und jedes Monomer ein aktives Zentrum besitzt. Von diesem Enzym wurden fünf verschiedene *Isoenzyme* entdeckt, deren Untereinheiten sich in den Sequenzen der Aminosäuren je nach Organ (Leber, Herzmuskulatur oder Skelettmuskulatur) unterscheiden, wie T. *Wieland* (1913–1995) und G. *Pfleiderer* (1921–2008) herausfanden. Die LDH-Untereinheiten sind gefaltet. Der Wirkungsmechanismus der LDH wird als *katalytischer Zyklus* dargestellt. Das Gleichgewicht der oben angegebenen Reaktion liegt auf der Seite des Lactats. Liegen jedoch hohe Konzentrationen sowohl von Lactat als auch von NAD^+ vor, so kann die LDH auch die Oxidation von Lactat zum Pyruvat katalysieren. Das Lactat kann entweder aus der Muskelzelle heraustransportiert oder wieder in Pyruvat umgewandelt werden. Der größte Teil des Lactats gelangt jedoch über das Blut in der Leber, wo es wieder in Glucose umgewandelt wird (Gluconeogenese – s. Abschnitt 4.1). Im *aktiven Zentrum* gibt es drei wichtige Bindungsstellen: An der Stelle Arginin-171 bindet die Carboxylat-Gruppe durch Substrate (elektrostatische Wirkung infolge einer positiven Ladung), am Histidin-195 findet eine Säure-Base-Katalyse statt und Arginin-109 ist für die Stabilisierung des Übergangszustandes wichtig. Eine Peptidschleife zwischen den Positionen 98 und 110 hat die Aufgabe, nach der Bindung von Substrat und Coenzym das aktive Zentrum abzudecken. Dadurch werden Wassermoleküle während der Elektronenübertragung weitgehend ausgeschlossen. Zunächst wird das Coenzym NADH gebunden, dann das Pyruvat – und zwar räumlich so, dass die Carbonylgruppe des Pyruvats und die aktive Stelle im Nicotinamid-Ring des Coenzyms in günstiger Lage zueinander stehen. Man nennt diesen Vorgang *Annäherung und Orientierung der Substrate*. Durch das Schließen der Schleife bildet sich unter *Wasserausschluss* der Übergangszustand. Nun kann vom Coenzym ein Hydrid-Ion H^- auf den Carbonyl-Sauerstoff übertragen werden (*Gruppen-Übertragung*). Die Stabilisierung des Übergangszustandes, d.h. die vorübergehend auftretende energetisch ungünstige negative Ladung am Sauerstoff, wird durch die Wechselwirkung mit Arginin-109 stabilisiert. Vom His-195 wird ein Proton auf dieses Sauerstoffatom übertragen (wieder eine *Gruppen-Übertragung*) und damit haben sich, noch an das Enzym gebunden, die Produkte Lactat und NAD^+ gebildet. Die Schleife zwischen den Positionen 98 und 110 öffnet sich, Lactat dissoziiert ab und das His-195 bindet wieder ein Proton (aus dem umgebenden Wasser). Abschließend wird auch das oxidierte Coenzym NAD^+ freigegeben. Damit ist der Ausgangszustand wieder erreicht.

4.2.2 Coenzyme und Vitamine

1897 erkannte der Gabriel E. *Bertrand* (1867–1962), dass niedermolekulare organische Stoffe für die Wirkung von Enzymen erforderlich sind, und prägte den Begriff *Coenzym*. Bertrand arbeitete ab 1897 in der biochemischen Abteilung des Instituts Pasteur in Paris, 1908–1937 war er Leiter des Instituts Pasteur und gleichzeitig Professor für Biochemie. Heute wissen wir, dass die meisten Enzyme zusätzliches *Handwerkszeug* benötigen (siehe H.J. Flechtner: »Chemie des Lebens«, 1952, und R. Renneberg, »Biotechnologie für Einsteiger«, 2006). Diese zusätzlich für die Biokatalyse, d.h. Aktivität des jeweiligen Enzyms notwendigen *Cofaktoren* können einfache anorganische Metallionen (Eisen, Mangan, Magnesium, Zink) oder auch komplexere organische Moleküle, die *Coenzyme*, sein. Wie das Beispiel der Lactat-Dehydrogenase gezeigt hat, binden Coenzyme in der Nähe des aktiven Zentrums, beeinflussen die Struktur des Enzyms und wirken beim Transport von Elektronen und Protonen mit. Viele Coenzyme stammen aus *Vitamin*-Vorstufen. Als Beispiel soll hier im Zusammenhang mit dem Beispiel des vorigen Abschnittes das wichtige Coenzym Nictonamid-adenin-dinucleotid NAD^+ näher vorgestellt werden.

Niacin ist die Sammelbezeichnung für Nicotinsäuren und Nicotinamide, Schutzfaktoren gegen *Pellagra* (raue Haut), und zählt zum *Vitamin B-Komplex*. Deshalb beginnt dieser Abschnitt auch mit einer kurzen Geschichte der Vitamine.

In einem Militärhospital in Batavia (Indonesien) beobachtete der Arzt Christiaan *Eijkman* (1858–1930, Schüler von Robert Koch, 1898–1928 Professor für Hygiene und Gerichtliche Medizin in Utrecht) ein seltsames Krankheitssymptom: Sowohl Patienten und Personal als auch Hühner im Hof des Hospitals zeigten Lähmungen (Schafsgang: Beri-Beri) und Schwäche, nachdem sie geschälten anstelle von braunem Reis erhalten hatten. Eijkman erkannte die Mangelerkrankung, berichtete darüber und daraufhin (1912) isolierte der polnische Biochemiker Casimir *Funk* (1884–1967, zeitweise am Institut Pasteur in Paris, bei E. H. Fischer in Berlin und am Lister-Institut in London tätig, ab 1915 in den USA, 1923–1939 in Warschau) aus Reiskleie eine Substanz, welche den Mangel behob und die Symptome beseitigte. Da es sich um eine stickstoffhaltige Verbindung handelte, nannte er sie Thiamin (ab 1926 Vitamin B_1). Funk prägte auch die Bezeichnung *Vitamin*.

Lassar-Cohn schrieb in seinem Buch »Die Chemie des täglichen Lebens« (nach »gemeinverständlichen Vorträgen«) (11. Aufl. 1925):

> »Es schien schon immer ein wenig seltsam, daß die Natur unsere Ernährung auf die einfache Formel Eiweiß, Fett, Kohlehydrate und Mineralstoffe eingestellt haben sollte. Als man im Jahre 1881 Mäuse künstlich zu ernähren versuchte mit Kasein, Fett, Milchzucker und Salzen, gingen sie ein, während sie am Leben blieben, wenn man zu der genannten Nahrung wenige Kubikzentimeter frische Milch zusetzte. Daraus schloß man, dass zu den Hauptgruppen der Nahrungsstoffe noch gewisse Ergänzungsstoffe treten müssen, die zur Erhaltung des Lebens unbedingt erforderlich sind, Ihre Besonderheit liegt darin, daß sie bereits in so geringen Mengen ihre Wirkung entfalten, daß sie als Energiespender nicht in Frage kommen können. Man hat sie Vitamine genannt, d.h. zum Leben notwendige, stickstoffhaltige Substanzen ...«

Nachdem Christoph Kolumbus den Mais nach Europa gebracht hatte, der sich hier wegen der hohen Ernteerträge auch als Nahrungspflanze schnell verbreitete, trat bei hohem Maiskonsum eine Erkrankung auf, die wegen des Leitsymptoms der rauen Haut *Pellagra* genannt wurde. Erst der aus Ungarn stammende Arzt Joseph *Goldberger* (1874–1929, im Dienste des »United State Public Service«, des öffentlichen Gesundheitsdiensts der USA) wies um 1914 nach, dass sowohl die Pellagra des Menschen als auch die »Schwarze-Zunge«-Krankheit des Hundes durch einen Niacinmangel entstehen. Durch Behandlung mit Bierhefe konnte der Mangel behoben werden. *Nicotinsäure* (Niacin) war schon 1867 durch die Oxidation von Nicotin aus Tabak synthetisiert worden, wurde aber erst 1944 durch US-Wissenschaftler J. G. *Wooley* und W. H. *Sebrell* vom National Institute of Health, Public Health Service in Bethesda, Maryland als Vitamin (*Essential Growth Factor for Rabbits*) identifiziert.

Zurück zum NAD^+ (oxidierte Form) bzw. NADH als reduzierte Form: Die Biosynthese erfolgt vom Niacin/Nicotinamid ausgehend mit Hilfe einer Reihe von Enzymen (Transferasen – zuletzt der NAD^+-Diphosphatase).

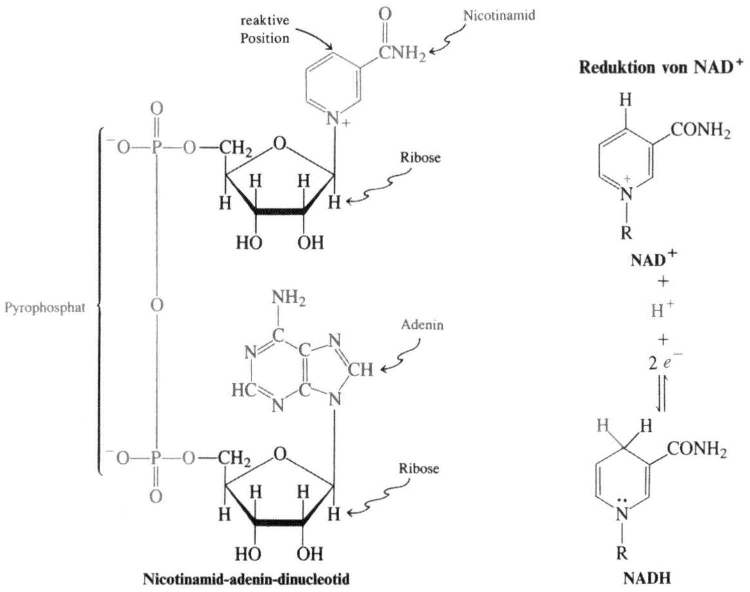

Abb. 26 Struktur von NAD$^+$ und Reduktion von NAD$^+$ zu NADH (X = H; H$^-$ aus H$_2$ = H$^-$ + H$^+$). (Aus: Voet/Voet/Pratt: »Lehrbuch der Biochemie«, 2002, Abb. 13–10, S. 392 bzw. Abb. 3–4, S. 50.)

Zwei Nucleosid-5'-Monophosphate sind im Molekül über eine Phosphorsäureanhydrid-Bindung miteinander verknüpft. An den Redoxreaktionen ist nur der *Nicotinamid-Ring* beteiligt (Nicotinamid ist das Säureamid der Pyridin-3-carbonsäure). Im Gesamtprozess der Oxidation von Lactat zu Pyruvat durch LDH (s. o.) werden dem Substrat zwei Wasserstoffatome (zwei Protonen und zwei Elektronen) entzogen, wobei auf NAD$^+$ jedoch nur eine Hydrid-Ion (H$^-$, ein Proton mit zwei Elektronen) übertragen wird. Ziel dieser Hydrid-Übertragung ist das Kohlenstoffatom in p-Stellung zum Ring-Stickstoff des NAD$^+$, wo sich eine alicyclische CH$_2$-Gruppe bildet, sich die Doppelbindungen im Ring verschieben und somit die positive Ladung verschwindet. Aus NAD$^+$ ist durch den Hydrid-Transfer unter Berücksichtigung des freigesetzten Protons NADH + H$^+$ geworden.

Die vielfältigen *Funktionen der Vitamine* lassen sich – einer Einteilung in fett- und wasserlösliche Vitamine folgend – zusammenfassen:

Fettlösliche Vitamine

- *Vitamin A (Retinol)* ist am Immunsystem beteiligt, vor allem aber Bestandteil des Sehpurpurs und auch von Bedeutung für Wachstum und Entwicklung von Zellen und Geweben. Vom Körper wird es entweder in Form seines Provitamins (meist β-Carotin) oder als Retinylester aufgenommen.

- *β-Carotin* wird in der Darmschleimhaut zu Vitamin A umgewandelt. Darüber hinaus weist es eine antioxidative Wirkung auf, indem es freie Radikale abfängt.

- *Vitamin D (Calciferol)* ist ein Baustein von Hormonen, welche die Resorption von Calcium und den Knochenaufbau aus Calcium und Phosphat steuern. Es beeinflusst die Aktivität von Immunzellen und ist auch an der Bildung von Hautzellen beteiligt.

- *Vitamin E (Tocopherol)* zählt zu den wirksamen Antioxidanzien.

- *Vitamin K (Phyllochinon)* wirkt bei der Bildung von Eiweißstoffen mit, welche die Blutgerinnung bestimmen, und wurde früher auch als Koagulationsvitamin (daher der Buchstabe K) bezeichnet. Weitere Funktionen wurden bei der Synthese von Proteinen nachgewiesen, die im Plasma, in der Niere und in den Knochen vorkommen und insgesamt am Skelettstoffwechsel beteiligt sind.

Wasserlösliche Vitamine

- *Vitamin C (Ascorbinsäure)* ist ein starkes Reduktionsmittel und wirkt als Wasserstoffdonator an Hydroxylierungen mit – beispielsweise bei der Biosynthese der Catecholamine als Cofaktor der Dopamin-β-Monooxygenase (s. unter Hormone).

- *Vitamin B_1 (Thiamin)* ist Bestandteil von Enzymen (Coenzym) vor allem im Kohlenhydratabbau und spielt eine Rolle bei der Reizleitung in den Nerven. Insgesamt ist Thiamin an allen Reaktionen beteiligt, die eine Decarboxylierung von α-Ketosäuren, die Bildung von α-Hydroxyketonen oder die Übertragung eines α-Keto-Restes zu Ziel haben. Als Coenzym Thiamindiphosphat im Zusammenspiel mit Decarboxylasen, Oxosäure-Dehydrogenasen und Transketolasen werden Hydroxyalkyl-Reste übertragen.

- *Vitamin B_2 (Riboflavin)* ist Coenzym von Enzymen, die an biologischen Oxidationsreaktionen (Oxidoreduktasen) beteiligt sind.

- *Vitamin B_6 (Pyridoxin)* ist an mehr als 40 enzymatischen Reaktionen, u. a. im Aminosäurestoffwechsel und bei der Bildung von Antikörpern, beteiligt. Pyridoxin ist Teil des Coenzyms Pyridoxalphosphat und bewirkt mit Amino-Transferasen und vielen Lyasen die Übertragung von Aminogruppen bzw. Aminosäureresten.

- *Vitamin B_{12} (Cobalamin)* ist ein Coenzym im Stoffwechsel von Aminosäuren, Kohlenhydraten und Fetten, es wirkt an der Bildung von Zellkernsubstanzen und der roten Blutkörperchen mit.

- *Folsäure* hat ihre vorrangige Funktion in der Synthese der Zellkernsubstanz. Das Coenzym Tetrahydrofolat bewirkt zusammen mit C_1-Transferasen die Übertragung von Formyl-, Methylen- und Methylgruppen.

- *Niacin* ist an biologischen Oxidationen generell (s. o.), also am Auf- und Abbau von Kohlenhydraten, Aminosäuren und Fettsäuren beteiligt, auch an der Reparatur von Zellkernsubstanzen. Nicotinamid ist Bestandteil der Coenzyme NAD^+ (Nicotinamid-Adenin-Dinucleotid) und $NADP^+$ (Nicotinamid-Adenin-Dinucleotid-Phosphat).

- *Biotin* ist Coenzym beim Abbau spezieller Aminosäuren, bei Aufbau von Fettsäuren und bei der Bildung von Glucose. Zusammen mit Carboxylasen wird Kohlenstoffdioxid als Gruppe übertragen.

- *Pantothensäure* überträgt kleine Kohlenstoffbruchstücke bei der Bildung von Fettsäuren bzw. Fetten und Phosphatiden. Pantothensäure ist Bestandteil des *Coenzyms A* und wirkt zusammen mit Acyl- sowie CoA-Transferasen.

4.2.3 Hormone

In der »Chemie des täglichen Lebens« von Lassar-Cohn (1925) ist im Vortragskapitel »Verdauung – physiologische Fragen« u. a. zu lesen:

> »...Wie vermag der Verdauungstraktus aus den Nahrungsmitteln das auszuwählen, was der ganze Körper braucht? Wir können uns noch ganz gut vorstellen, daß es für sich selbst sorgt, seinen eigenen Bedarf an Nährstoffen zu seiner Instandhaltung deckt. Aber woher weiß er, wieviel phosphorsauren Kalk die Knochen für sich beanspruchen müssen, und was das Gehirn braucht? Woher versteht der gesamte Verdauungsapparat bis etwa in sein zweiundzwanzigstes Jahr so viel Nährstoffe an das Blut abzugeben, daß sie auch für das Wachstum des Körpers genügen, und hört von da damit auf. Diese rätselhaften Fähigkeiten schreibt die heutige Wissenschaft wiederum chemischen Stoffen zu, die der Körper an bestimmten Stellen seines Inneren abscheidet und denen ganz spezifische Wirkungen auf die Organe und Funktionen des Körpers zukommen. Diese Stoffe nennt man ›Hormone‹ und den Vorgang ihrer Abscheidung ›innere Sekretion‹. Sie regeln also neben dem Nervensystem, das man früher allein als den Sitz der regulatorischen Vorgänge ansah, das zweckmäßige Ineinandergreifen der Organe und Funktionen des Körpers. Ihr Fehlen bringt schwere Erkrankungen hervor, wie wir das an dem Beispiel der Zuckerkrankheit sehen werden.«

Der Physiologe Claude *Bernard* (1813–1878), Professor am Collège de France in Paris, prägte 1855 den Begriff der *inneren Sekretion*. Er untersuchte grundlegende Verdauungs- und Stoffwechselvorgänge und zeigte deren Regelung durch das Nervensystem. Er wies auch die Glykogenbildung und die Glykogenolyse in der Leber nach und erkannte das Pankreas als Enzymproduzent für die Fettverdauung. Der Name *Hormon* wurde wahrscheinlich erstmals 1905 von dem englischen Physiologen Ernest H. *Starling* (1866–1927) verwendet. 1902 entdeckte Starling das Gewebshormon Sekretin in der Dünndarmschleimhaut. Um 1900 gelang mehreren Wissenschaftlern die Isolierung des Hormons *Adrenalin* aus dem Nebennierenmark. Bereits 1904 erfolgte die chemische Synthese durch Friedrich *Stolz* (1860–1936, Chemiker der Fa. Hoechst). Ein weiterer Meilenstein in der Hormonforschung ist die Gewinnung gereinigter *Insulin*-Präparate 1921 durch den kanadischen Arzt und Physiologen Frederick G. *Banting* (1891–1941; Nobelpreis 1923) und Charles H. *Best* (1899–1978; ab 1929 Professor für Physiologie in Toronto). Das weibliche Sexualhormon (Follikelhormon) *Östron* (griech. *oistros*: Begierde) haben unabhängig voneinander 1929 Adolf *Butenandt* (1903–1995, Nobelpreis für Chemie 1943) und Eduard A. *Doisy* (1893–1986; Nobelpreis für Physiologie oder Medizin 1943 für die Strukturaufklärung des Vitamins K) gefunden. *Butenandt* isolierte auch Progesteron und Androsteron. Von den 1930er Jahren an erforschten Edwin C. *Kendall* (1886–1972; 1921–1951 Professor in Minneapolis) und Tadeus *Reichstein* (1897–1996; 1937 Prof. in Zürich, 1938–1967 in Basel, Nobelpreis 1950) die Chemie der *Nebennierenrinden-Hormone* (1935 Isolierung des *Cortisons* durch Kendall, 1954 des *Aldosterins* durch Reichstein). *Prostaglandin* aus der menschlichen Samenflüssigkeit isolierte 1935 Ulf Svante von *Euler-Chelpin* (1905–1983; ab 1939 Prof. am Karolinska-Institut in Stockholm; 1970 Nobelpreis für Physiologie oder Medizin), die Strukturaufklärung erfolgte 1963 durch Sune K. *Bergström* (1916–2004), die Biosynthese erforschte B. L. *Samuelsson* (Jg. 1934, ab 1962 Prof. am Karolinska-Institut in Stockholm) . Als Abkömmlinge der Prostaglandine entdeckte in der Mitte der 1970er Jahre u. a. John R. *Vane* (Jg. 1927; Prof. in London) die *Prostacycline*, die bei der Prostaglandin-Biosynthese aus einer gemeinsamen Vorstufe entstehen. Samuelsson, Bergström und Vane erhielten 1982 gemeinsam den Nobelpreis für Physiologie oder Medizin.

Der Begriff *Hormon* (altgriech. *hormáō*: »antreiben«) wird heute als Sammelbezeichnung für sehr unterschiedliche chemische *Botenstoffe* verwendet. Sie werden in spezialisierten Zellen produziert und ins Blut abgegeben, wo sie spezifische Wirkungen entfalten oder Regulationsfunktionen im Organismus erfüllen. Nach einer allgemeinen Beschreibung der Wirkungsweise von Hormonen werden zwei Beispiele näher vorgestellt: *Insulin* und sein Gegenspieler *Glucagon* zur Regulierung des Blutzuckerhaushaltes im menschlichen Organismus, *Adrenalin* und *Acetylcholin* als Neurotransmitter.

Zu den Grundlagen der Biochemie von Hormonen zählen folgende Aspekte: Hormone sind der Mittelpunkt *hormonaler Regulationssysteme*. Spezialisierte *Drüsenzellen* synthetisieren ein Hormon aus Vorstufen, können es in der Regel auch speichern und geben es bei Bedarf in das *Blut* ab. Dort wird es in vielen Fällen reversibel an Plasmaproteine gebunden, die als *Hormoncarrier* fungieren. Inaktivierungen eines Hormons erfolgen meist in der Leber, die Ausscheidung der Metabolite findet über die Niere statt. Im Zielorgan eines Hormons empfangen *Zielzellen* mit *Hormonrezeptoren* das hormonale Signal. Die mit dem Hormon übermittelte *Information* wird an die Zelle weitergegeben, worauf eine *Antwort* ausgelöst wird. Lipophile Hormone (wie die Steroidhormone) dringen in Zellen ein, binden dort an einen spezifischen *Rezeptor* und dieser Komplex aus Hormon und Rezeptor wirkt dann im Zellkern auf die *Transkription* bestimmter Gene (s. Abschnitt 4.3). Die Änderung der Synthese der messenger-RNA (mRNA) führt zu Veränderung in der Proteinsynthese als Zellantwort auf das Signal des Hormons. Hydrophile Hormone wirken an der Zellmembran, sie binden an spezifische Rezeptoren, die sich an der Zellwand befinden. Dadurch wird auf der Innenseite der Zellmembran die Bildung von *second messengers* ausgelöst, die dann die Aufgabe übernehmen, Reaktionen im Zellinneren zu steuern, ebenfalls als Antwort der Zelle auf das Erscheinen des Hormons an ihrer Zellwand.

In der Biochemie werden die Grenzen zwischen den *Hormonen im engeren Sinne* und anderen *Signalstoffen* als fließend beschrieben. Zu den anderen Signalstoffen zählen Mediatoren, Neurotransmitter und Wachstumsfaktoren. Gewebshormone (auch als *Parahormone* bezeichnet) wirken nur in unmittelbarer Umgebung der sie erzeugenden Drüsenzelle. Sie diffundieren über den Extrazellulärraum, etwa im Magen-Darm-Trakt zur Steuerung von Verdauungsfunktionen. *Mediatoren* sind Signalsubstanzen, die von vielen Zelltypen gebildet werden können. *Histamin* und *Prostaglandine* werden heute zur Gruppe der Mediatoren gezählt. *Neurohormone* oder *Neurotransmitter* sind spezielle Signalsubstanzen, der nur von Nervenzellen synthetisiert und ausgeschüttet werden.

Insulin

Insulin gehört zu den Hormonen mit *endokriner Wirkung*, d.h. es überträgt ein Signal nach einer Wanderung vom Ort seiner Bildung, den B-oder β-Zellen der *Langerhans-Inseln* der Bauchspeicheldrüse, in das Blut. Das von *Banting* und *Best* 1921 gewonnene Insulin (s.o.) wurde 1926 in kristallisierter Form dargestellt. Die Struktur des Insulins wurde in den 1940er Jahren durch Frederick *Sanger* (Jg. 1918; Professor in Cambridge, zweimaliger Nobelpreisträger für Chemie 1958 und 1980) aufgeklärt, eine Totalsynthese gelang in den 1960er Jahren Helmut *Zahn* (1916–2004; Professor in Aachen). Insulin besteht aus zwei Polypeptidketten (A- und B-Kette) mit 21 bzw. 30 Aminosäuren, die durch zwei für ihre Funktion wesentliche Disulfidbrücken miteinander verbunden sind. Seit 1980 kann Insulin in industriellem Maßstab gentechnisch in Coli-Bakterien gewonnen werden (s. R. Renneberg: »Biotechnologie für Einsteiger«).

Das Insulin hat einen Gegenspieler, das *Glucagon*, ein vom Pankreas (aus α-Zellen) ausgeschiedenes Peptidhormon aus 29 Aminosäuren. Insulin und Glucagon regulieren den *Blutzuckerhaushalt* im menschlichen Körper. Aus der Leber gelangt ein Teil der aufgenommenen Glucose (s. Abschnitte 3.2 und 3.5) in das periphere Blut, wo sie von Rezeptoren des Pankreas erkannt wird, wodurch Insulin ausgeschüttet wird. Insulin-Rezeptoren (Glykoproteine) befinden sich in den Zellmembranen von Leber-, Skelettmuskel- und Fettgewebezellen. Durch sie wird der Eintritt aus dem Blut in die Zellen beschleunigt. Wenn der Plasma-Glucose-Spiegel infolge zu geringer Zufuhr und/oder zu schnellem Verbrauchs (Umwandlung in Energie) absinkt, kehrt sich die hormonelle Regulation um – der Plasma-Insulin-Spiegel sinkt, die Glucagon-Sekretion aus den α-Zellen des Pankreas steigt. Glucagon stimuliert jetzt den Abbau von in der Leber gespeichertem Glykogen und erhöht die Syntheserate von Enzymen für die Umkehrung der Glykolyse, die Gluconeogenese. Man bezeichnet die hier nur prinzipiell umrissenen Mechanismen, die das Glucosegleichgewicht im Blut aufrechterhalten, als *Glucosehomöostase*. Insulin erfüllt im Stoffwechsel – in Bezug auf die *Homöostase* als Erhaltung des normalen Gleichgewichts der Körperfunktionen durch humorale, hormonelle und neuronale Regelungsprozesse (Konstanthaltung der Blutzusammensetzung, des osmotischen Drucks der Gewebe, des Blutdrucks und der Körpertemperatur) – insgesamt folgende Aufgaben:

- Steigerung der Glucoseaufnahme in verschiedene Gewebe (s. o.), Hemmung der Glykogenolyse (Abbau des Glykogens) und der Gluconeogenese (Biosynthese der Glucose aus C_3-Bausteinen wie Lactat, Pyruvat, Glycerin),

- Erniedrigung der Blutfettsäuren und Förderung der Triglyceridspeicherung durch die Steigerung der Glucoseaufnahme in die Fettzellen, durch die Aktivierung von Enzymen zur Bildung von Fettsäuren aus Glucose, durch die Hemmung der Lipolyse (verhindert das Auftreten von Ketonkörpern),

- Erniedrigung der Aminosäurespiegel im Blut und Ankurbelung der Proteinsynthese durch Steigerung der Aminosäureaufnahme in die Zellen, Steigerung des Aminosäureeinbaus in Proteine und Hemmung des Proteinabbaus.

Ein Mangel an Insulin führt zunächst zu einer Erhöhung der Blutglucosekonzentration und dann zu Störungen des genannten Gleichgewichts vor allem im Fettstoffwechsel. Es entstehen überhöhte Konzentrationen an Fettsäuren im Blut, die Fettsäureoxidation in der Leber wird gesteigert und dadurch wiederum werden Ketonkörper im Blut angereichert – mit der Folge einer *Übersäuerung* des Blutes, einer *Ketoacidose.*

Für den Ablauf dieser Vorgänge, besonders für die hormonelle Regulation des Auf- und Abbaus von Glykogen, spielen zwei Enzyme – Glykogenphosphorylase und Glykogensynthase – eine wesentliche Rolle. Sie existieren in zwei Formen, a- und b-Form, von denen jeweils die a-Form die wesentlich höhere Aktivität besitzt; deren Bildung wird hormonell gesteuert. Als wichtigster Aktivierungsmechanismus für die Glykogenphosporylase wurde eine Phosphorylierungskaskade ermittelt, die durch das cyclische Adenosinmonophosphat (cAMP) als *second messenger* eingeleitet wird. Die stimulierenden Hormone sind Glucagon oder *Adrenalin* (s. unten).

Über die umgangssprachlich *Zuckerkrankheit* genannte Störung der Insulinproduktion ist in Lassar-Cohns »Die Chemie des täglichen Lebens« (1925) auch ein historischer Exkurs nachzulesen:

»Schon den Ärzten des Altertums fielen Kranke auf, die außerordentlichen Durst zeigten. Sie glaubten, es handle sich da um eine Erkrankung, bei der das getrunkene Wasser die Nieren zu schnell durchströme, und im Anschluß an das griechische Wort diabaino durchfließen nannten sie deshalb der Krankheit *Diabetes.* Sie standen ihr macht- und ratlos gegenüber. Vom süßen Geschmack manchen Harns sprechen zuerst indische Ärzte im fünften Jahrhundert nach Christus. Im Abendlande spricht wohl auch *Paracelsus* um 1520 als einer der ersten von ihm, aber ebenfalls noch ohne die Süße in Zusammenhang mit der Harnruhr, die wir heute Zuckerkrankheit nennen, zu bringen. [...]

Im gesunden Körper wird der Zucker (...) völlig für die Erhaltung des Körpers verbraucht, und sein Kohlenstoffgehalt wird schließlich als Kohlensäure ausgeatmet, sein Wasserstoffgehalt zu Wasser oxidiert werden, wir finden daher keinen Zucker im Urin. Durch den Körper des Zuckerkranken dagegen geht ein Teil des Zuckers unausgenutzt durch und wird als Zucker im Urin ausgeschieden, wo ihn die chemische Analyse leicht nachweist. Der Körper des Zuckerkranken arbeitet also nicht mehr normal, nutzt den in die Blutbahn gelangten Zucker nicht mehr vollständig nach Art des gesunden Körpers aus. Das Auffinden von Zucker im Urin ist somit ein Zeichen für das nicht mehr tadellose Arbeiten des Körpers.«

Mit der Bezeichnung *Diabetes mellitus* werden heute alle Formen der akuten oder chronischen Hyperglykämie mit den damit verbundenen Störungen des Kohlenhydrat- und Fettstoffwechsels bezeichnet. Ihnen ist gemeinsam, dass der normale *Regelkreis* der glucoseabhängigen *Insulinsekretion* der β-Zellen des Pankreas oder auch die Insulinwirkung an den Zielzellen des Körpers gestört ist. Typ-1-Diabetes bezeichnet eine Autoimmunerkrankung mit einer Zerstörung der insulinproduzierenden Zellen bereits im Jugendalter, der milder verlaufende Typ-2-Diabetes setzt meist in höherem Alter ein und beruht auf einer verminderten Insulinsekretion und Störungen der Rezeptorfunktionen.

Adrenalin und Noradrenalin

Zu den Hormonen, die in den Kohlenhydrat-Stoffwechsel eingreifen, gehören neben den beschriebenen Peptiden Insulin und Glucagon die *Catecholamine Adrenalin* und *Noradrenalin*. Es handelt es sich bei beiden Substanzen um *biogene Amine*, deren Biosynthese von der Aminosäure L-Tyrosin ausgeht und im Nebennierenmark erfolgt. Adrenalin und Noradrenalin unterscheiden sich nur um eine Methylgruppe an der Aminogruppe (Adrenalin mit Methylgruppe). Sie werden in chromaffinen Zellen gebildet, die durch unterschiedliche Färbung der sekretorischen Körnchen (Granulae) bei der Reaktion mit Chromsalzen (Braunfärbung durch Dichromate) unterschieden werden können. Die Verfärbung beruht auf der Oxidation der beiden Hormone, die in diesen Bläschen synthetisiert und gespeichert werden, zum Adenochrom.

Im Glykogen-Stoffwechsel spielen sie vor allem in den Muskeln eine wesentliche Rolle. Sie stimulieren die oben genannte aktivere Modifikation regulatorischer Enzyme (bei der Phosphorlyierung). Adrenalin und Noradrenalin binden an Transmembran-Rezeptoren auf der Zelloberfläche; dadurch wird, wie beschrieben, ein *sekundärer Botenstoff* innerhalb der Zelle freigesetzt. Eine kleine Veränderung an cAMP führt zu einer großen Veränderung der phosphorylierenden

Enzyme: Die Glykogen-Phosphorylase wird aktiv, die Glykogen-Synthase wird inaktiv. Ein Anstieg des Adrenalinspiegels führt somit zu einer Freisetzung des Energieträgers Glucose und zu einer Steigerung des Fettabbaus (Lipolyse), der Energieumsatz insgesamt erhöht sich.

Adrenalin wird auch als *Stresshormon* bezeichnet, das die rasche Bereitstellung der Energiereserven, die in gefährlichen Situationen das Überleben sichern sollen (Flucht oder Kampf), garantiert. Auf subzellulärer Ebene erfolgt durch Adrenalin eine Aktivierung der G-Protein-gekoppelten Adreno-Rezeptoren. G-Proteine (Abkürzung für Guaninnucleotid-bindendes Protein) bestehen aus drei Untereinheiten und setzen durch die reversible Bindung an Guanosinphosphate (GTP und GDP) allgemein physiologische Signalfortleitungsprozesse in Gang. So führt die Aktivierung von β_1-Adrenorezeptoren zu einer erhöhten Herzfrequenz, die Atmung wird gesteigert, die glatte Muskulatur erschlafft (Hemmung der Peristaltik und Erweiterung der Bronchien). *Insulin* und *Adrenalin* sind somit ebenfalls *Antagonisten* (wie Insulin und Glucagon).

Acetylcholin

Das relativ einfache Molekül *Acetylcholin* ist ein Neurotransmitter. Synthetisiert wird es durch das Enzym Cholinacetyltransferase aus Acetyl-CoA und Cholin $HO–(CH_2)_2N(CH_3)_3OH$. Diese Substanz, eine fischartig riechende, stark basische Verbindung, kommt entweder frei in tierischem und pflanzlichem Gewebe vor oder als Acetylcholin (an der Stelle der linken OH-Gruppe mit einem Acetatrest); es kann auch an Lecithin gebunden sein. Cholin stellt bei der Acetylcholin-Synthese den geschwindigkeitsbestimmenden Schritt dar. Es wird über die Nahrung (Eigelb, Gemüse) aufgenommen. Aus dem Cytosol wird es über einen in der Vesikelmembran lokalisierten Protonen/Acetylcholin-Antiporter in den Speicherort, die neurosekretorischen Speichervesikel, überführt. Unter *Antiport* versteht man einen Transportmechanismus, bei dem verschiedene Ionen oder Moleküle gleichzeitig in entgegengesetzten Richtungen transportiert werden (in diesem Fall werden Protonen abgegeben und Acetylcholin aufgenommen). In jedem Vesikel (submikroskopisch kleine, bläschenartige Bildungen im Cytoplasma) können sich bis zu 10 000 Acetylcholinmoleküle befinden.

Die Freisetzung des Acetylcholins erfolgt durch eine Erregung der präsynaptischen Nervenzelle, wodurch Calcium-Ionen ausströmen und es zur Freisetzung des Acytelycholins in den synaptischen Spalt kommt. So wird die Kontraktion der Muskeln durch sogenannte Motoneurone gesteuert. *Neurone* zeigen einen charakteristischen Aufbau: Verästelte Fortsätze (Dendriten und Axone) gehen vom Zellkörper (Soma) aus. Die Dendriten sind die Antennen, über die Signale empfangen werden, über die Axone werden diese weitergeleitet. Die Erregungsübertragung findet an den Verknüpfungsstellen zwischen einzelnen Neuronen sowie zwischen Neuronen und Muskelzellen statt, den Synapsen, in denen die Neurotransmitter gespeichert sind.

Die Signalübertragung läuft wie folgt in einzelnen Schritten ab: Durch einen chemischen (in selteneren Fällen elektrischen) Reiz wird in den Neuronen ein *Aktionspotenzial* ausgelöst (ein kurzfristiger Anstieg des Membranpotenzials). Das Aktionspotenzial erreicht die präsynaptische Membran, wodurch spannungsgesteuerte Calcium-Ionenkanäle geöffnet werden. Auf diese Weise dringen Calcium-Ionen aus dem Extrazellulärbereich in die Synapsen ein, ihre Konzentration erhöht sich, wodurch der Exocytose-Vorgang ausgelöst wird: Viele synaptische Vesikel schütten das Acetylcholin aus, die Moleküle diffundieren durch den synaptischen Spalt und können so an postsynaptische Rezeptoren binden, sie aktivieren. Zielorte können weitere Nervenzellen, eine Muskelzelle oder eine Drüsenzelle sein. Bei einer Muskelzelle führt die Bindung zu einer schnellen Öffnung des Ionenkanals für beispielsweise Natrium- und Kalium-Ionen, worauf die Zelle infolge der veränderten Ionenkonzentration ein Aktionspotenzial (Endplattenpotenzial auf der Plasmamembran) auslöst. Es wandert von der Endplatte nach allen Seiten und erregt so die Muskelfaser. Die Reaktion erfolgt in wenigen Millisekunden in Form einer Verkürzung des Muskels (Kontraktion). Die Inaktivierung des Acetylcholins zur Beendigung des Erregungszustandes übernimmt das Enzym Acetylcholinesterase, das durch die Spaltung entstandene Cholin steht dann wieder für die beschriebene Biosynthese zur Verfügung. Die Acetylcholinesterase ist an postsynaptische Membranen von motorischen und parasynaptischen Nervenzellen gebunden. Durch zahlreiche Pflanzenschutzmittel (organische Phosphorsäure-Derivate wie beispielsweise Parathion und Malathion) wird das Enzym gehemmt. Dadurch entsteht ein ständiger Erregungszustand bis zu Atemlähmung und Herzstillstand. Die beschriebenen Vorgänge der Muskelerregung sind am besten untersucht. Andere Mechanismen, beispielsweise der Zusammenhang eines Acetylcholin-Mangels mit der Alzheimer'schen Krankheit werden noch diskutiert. Nachgewiesen ist, dass bei Alzheimer-Patienten durch das Absterben von Acetycholin produzierenden Nervenzellen im Gehirn ein Mangel an Acetylcholin herrscht. Allgemein anerkannt und nachgewiesen ist, dass Acetylcholin insgesamt ein wichtiger Transmitter im zentralen Nervensystem ist, an den viele kognitive Prozesse gebunden sind. Im Gehirn kommt Acetylcholin nach der γ-Aminobuttersäure und Glycin als Neurotransmitter am häufigsten vor.

4.3 Von den Säuren zum genetischen Code

Nach der Entdeckung des *Nucleins* durch Friedrich Miescher (s. Abschnitt 1.2.3) isolierte 1879 Albrecht *Kossel* (1853–1927) auf Anregung von Hoppe-Seyler Nuclein aus Hefe und später auch aus kernlosen Substanzen wie Casein. Nach der Hydrolyse stellte er fest, dass das Nuclein aus Säuren, den Nucleinsäuren, aufgebaut ist und Purine bzw. Pyrimidine enthält. Bis 1893 hatte er auch herausgefunden, dass in den Molekülen eine Pentose als Zuckermolekül enthalten ist. Aus physiologischen Untersuchungen kam Kossel zu dem Schluss, dass das Nuclein kein Reservestoff ist, sondern eine Rolle in der Neubildung von Gewebe spielen muss. Richard *Altmann* (1852–1900), Pathologe und Histologe, ab 1887 Professor für Anatomie und Histologie in Leipzig, entdeckte 1886 die Mitochondrien und prägte 1889 den Begriff *Nucleinsäure*, über den er im »Archiv für Anatomie und Physiologie« (Physiologische Abteilung 1889, S. 524–536) publizierte.

Albrecht Kossel war nach dem Studium der Medizin in Straßburg und dem Examen in Rostock Assistent Hoppe-Seylers in Straßburg, promovierte dort 1878 zum Dr. med. und habilitierte sich 1881. Von 1883 bis 1895 war er Leiter der chemischen Abteilung des Instituts für Physiologie der Universität Berlin, danach o. Professor für Physiologie in Marburg, ab 1901 in Heidelberg, wo er 1924 Direktor des Instituts für Proteinforschung wurde. 1910 erhielt er den Nobelpreis für Physiologie oder Medizin.

Erst 1929 beschrieb Phoebus *Levene* (1869–1940, geboren als Fischel Aaronowitsch Lewin in Sahorje/Weißrussland), der bereits 1909 die Ribose (als Pentose) entdeckt hatte, die Zusammensetzung der Nucleinsäuren aus Desoxyribose, Phosphorsäureresten und den vier organischen Basen Adenin, Guanin, Cytosin und Thymin (hier der Desoxyribonucleinsäure DNA). Levene studierte an der Kaiserlichen Militär-Medizinakademie und promovierte dort 1891. Infolge antisemitischer Pogrome emigrierte er in die USA, arbeitete dort zunächst als Arzt in New York und studierte an der Columbia University nebenbei Biochemie. Ab 1896 war er am Pathologischen Institut des New York State Hospitals tätig und stand im Kontakt zu Chemikern in Deutschland, u.a. Albrecht Kossel (s.o.) und Emil *Fischer* (1852–1919, ab 1892 Professor in Berlin, wo er bahnbrechende Arbeiten zur Zuckerchemie durchführte; Nobelpreis 1902). Levene wurde 1905 Leiter des biochemischen Laboratoriums am Rockefeller Institute of Medical Research in New York. Er prägte auch den Begriff *Nucleotid*.

1944 wies Oswald *Avery* (1877–1955) in Zusammenarbeit mit Colin Munro *McLeod* (1909–1972) und Maclyn *McCarty* (1911–2005) nach, dass Säuren und nicht Proteine die *Speicher der Erbinformation* sind.

Avery hatte 1904 nach einem Medizinstudium an der Columbia University in New York promoviert und war nach einer Zeit als praktizierender Arzt 1913–1947 am Rockefeller Institute of Medical Research tätig. McLeod war ein kanadisch-amerikanischer Genetiker, der ab 1934 mit Avery zusammenarbeitete. 1941 wurde er Leiter des Department of Microbiology an der New York University, 1947–1955 Direktor des Armed Forces Epidemiological Board, 1956–1960 Professor an der University of Pennsylvania, danach an der New York University. McCarty studierte Biochemie an der Stanford University und Medizin an der Johns Hopkins University. Danach war er an der Rockefeller University in New York tätig.

Das Experiment dieser drei Wissenschaftler wurde mit Pneumokokken des nicht virulenten R-Stamms durchgeführt. Dieser Stamm besitzt keine schützende Schleimkapsel, zeigt eine raue Oberfläche (R für engl. *rough*) und kann daher von Enzymen zerstört werden. Der virulente Stamm wird als S-Stamm (S für *smooth* wegen des glatten, glänzenden Aussehens) bezeichnet. 1928 experimentierte Frederick *Griffith* (1877–1941, britischer Mediziner und Bakteriologe) mit beiden Stämmen: Er injizierte abgetötete Bakterien des tödlichen S-Stammes Mäusen, die daraufhin keinen Schaden nahmen. Injizierte er aber eine Mischung aus lebenden R- und abgetöteten S-Bakterien, so starben sie. Im Herzblut der Mäuse konnten wieder lebendige

S-Stamm-Pneumokokken nachgewiesen werden. Sein Fazit lautete: Die zuvor harmlosen R-Pneumokokken hatten den tödlichen Faktor des S-Stammes übernommen.

Nach unserem heutigen Wissen beschrieb Griffith damit die Möglichkeit des Genaustausches zwischen Bakterien, den wir *Transformation* nennen.

Avery und seine Mitarbeiter griffen dieses historische Experiment auf, dass zuvor auch mit Zellextrakten durchgeführt worden war. Sie hatten das Ziel, die chemische Beschaffenheit der transformierenden Substanz aufzuklären. Dazu behandelten sie den Zellextrakt vor der Transformation mit unterschiedlichen Enzymen, von denen eines eine Desoxyribonuclease (1940 beschrieben) war. Nur dieses Enzym hob die Transformationsaktivität des Extraktes auf. Die Arbeitsgruppe zeigte außerdem, dass alle Nachkommen die S-Stamm-Eigenschaften vererbt bekamen. Dieses historische Experiment bewies, dass die *genetische Information* auf der DNA liegen muss. Die R-Zellen benötigen eine Information von den S-Zellen, um die Schleimkapsel erzeugen und somit wieder S-Zellen bilden zu können.

1953 gelang es dem Amerikaner James *Watson* (Jg. 1928) und den Engländern Francis *Crick* (1916–2004) und Maurice *Wilkins* (1916–2004), die Struktur der Desoxyribonucleinsäure als *Doppelhelix* (Watson-Crick-Modell) aufzuklaren, wofür sie 1962 den Nobelpreis erhielten.

Die Beschreibung von *Nucleinsäuren* heute lautet:

Nucleinsäuren bestehen aus einzelnen Bausteinen, den *Nucleotiden* als Makromolekülen. Zucker wie die Ribose und Phosphorsäureester bilden eine Kette, in der an jeden Zucker eine Base gebunden ist. Die bekanntesten und wichtigsten Vertreter der Nucleinsäuren sind die RNA und die DNA. Nucleinsäuren sind Ketten mit Nucleotiden, in denen das ringförmige Zuckermolekül den zentralen Teil darstellt.

Die Kohlenstoffatome eines Zuckers werden im Uhrzeigersinn von 1 bis 5 nummeriert. An das C1-Atom ist eine Nucleinbase über ein glykosidische Bindung geknüpft, am C3-Atom befindet sich ein Phosphatrest, der mit einer OH-Gruppe des nachfolgenden Zuckers eine Esterbindung eingegangen ist, und an das C5-Atom des Zuckers ist ein weiterer Phosphatrest gebunden.

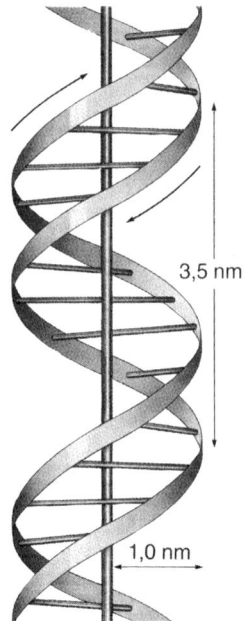

Abb. 27 Das Watson-Crick-Modell der DNA-Doppelhelix mit 10 Basenpaaren je vollständiger Windung bei einer Länge von 3,5 nm. (Aus: Lüttge/Kluge/Bauer: »Botanik«, 5. Aufl. 2005 – Abb. 16-4, S. 252.)

(a)

$^{-2}O_3PO-CH_2$ O   Base

4'H   H1'
3'   2'
H   H
OH   OH

Ribonucleotide

$^{-2}O_3PO-CH_2$ O   Base

4'H   H1'
3'   2'
H   H
OH   H

Desoxyribonucleotide

(b)

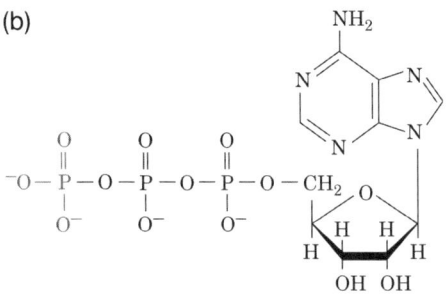

Abb. 28 (a) Allgemeine-Struktur der Ribo- und Desoxyribonucleotide. Purin- oder Pyrimidinbasen sind an das C1-Atom der Pentose über mindestens eine Phosphatgruppe gebunden. (b) Beispiel Adenosintriphosphat. (Aus: Voet/Voet/Pratt: »Lehrbuch der Biochemie«, 2002 – a) Abb. 3-1, S. 47; b) S. 48.)

Man unterscheidet zwischen Ribonucleinsäuren (RNA) und Desoxyribonucleinsäuren (DNA), die sich in der Art des Zuckers und in einer der Basen unterscheiden. DNA dient der Informationsspeicherung, die RNAs sind an den meisten Schritten der *Genexpression* (Realisierung der genetischen Information) und vor allem an den *Proteinsynthesen* beteiligt. In einer Nucleinsäure hat die Phosphorsäure noch eine freie OH-Gruppe, die beiden anderen sind verestert. Der saure Charakter einer Nucleinsäure ist also auf diese dritte freie OH-Gruppe zurückzuführen. Sie kann als Protonendonator wirken und liegt in einer Zelle meist deprotoniert vor (mit negativer Ladung).

Aromatische Heterocyclen stellen die Nucleinsäure-Basen: *Purin*-Basen sind *Adenin* (Ade) und *Guanin* (Gua), eine *Pyrimidin*-Base ist das *Cytosin* (Cyt) – sie kommen sowohl in RNA als auch DNA vor. Die Pyrimidin-Base *Uracil* findet sich nur in RNA und die Pyrimidin-Base *Thymin* (Thy), das 5-Methylderivat des Uracils, nur in DNA anstelle des Uracils. Durch Verknüpfung einer Nucleinsäure-Base mit Ribose oder Desoxyribose entsteht ein *Nucleosid*. Alle Nucleosid-Phosphate nennt man *Nucleotide*.

Die wichtigsten Eigenschaften der DNA lassen sich wie folgt zusammenfassen, ohne hier auf Details einzugehen:

Generell beruht die biologische Funktion der Nucleinsäure auf der Fähigkeit der Nucleinsäure-*Basen*, spezifische Wechselwirkungen miteinander einzugehen. In jeder Art von DNA sind die Gehalte von Adenin und Thymin einerseits und von Guanin und Cytosin andererseits gleich groß; das Verhältnis der jeweiligen Summen beider Gruppen jedoch ist von Organismus zu Organismus verschieden. Das Modell von Watson und Crick erklärt diese konstanten Basenverhältnisse. DNA besteht danach aus zwei Polydesoxynucleotid-Molekülen, sogenannten *Strängen*, in denen jede Base des einen Stranges mit einer *komplementären* Base des anderen Stranges über Wasserstoffbrücken verknüpft ist. Adenin ist komplementär zu Thymin (A und T) und Guanin zum Cytosin (G und C). Als Donor-Gruppen stehen Aminogruppen (A, C, G) sowie auch Ring-NH-Gruppen (G und T) zur Verfügung. Akzeptoren sind Carbonyl-Sauerstoffatome (T, C und G) und auch Stickstoffatome im Ring. Somit können A-T-Paare zwei und G-C-Paare sogar drei lineare, besonders stabile Wasserstoff-Brücken bilden. Solche Basenpaarungen kommen in einer DNA über Millionen von Basen vor. Räumlich ist das nur möglich, wenn man die von Watson und Crick vorgeschlagene Form einer *Doppelhelix* zugrunde legt,

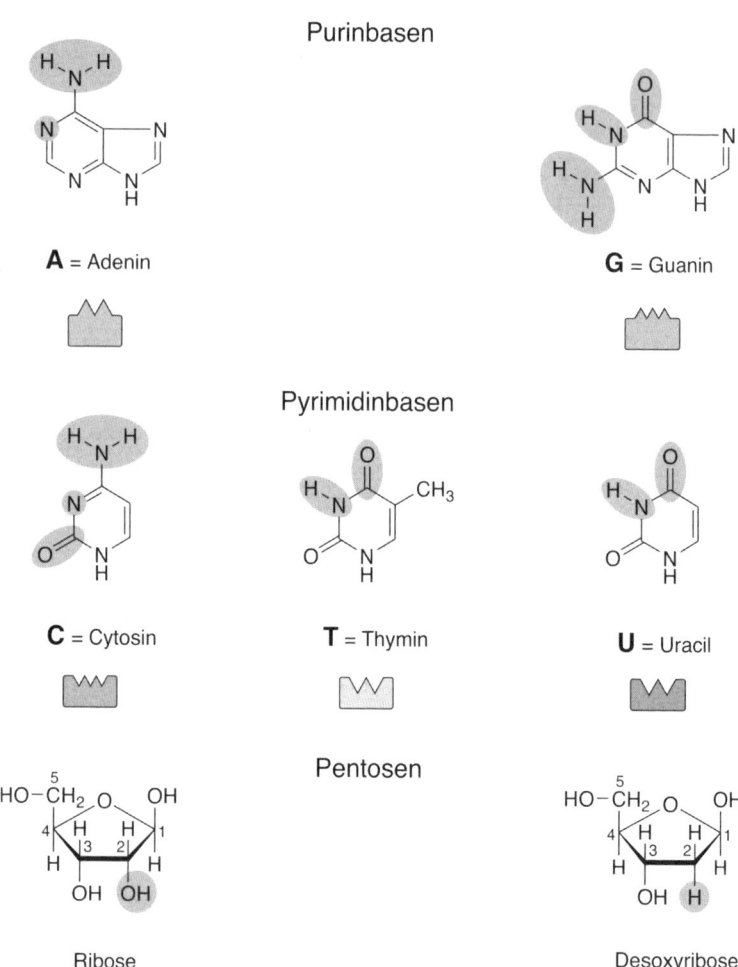

Purinbasen

A = Adenin

G = Guanin

Pyrimidinbasen

C = Cytosin

T = Thymin

U = Uracil

Pentosen

Ribose

Desoxyribose

Abb. 29 Die Bausteine der DNA (Purinbasen: Adenin, Guanin, Pyrimidinbasen: Cytosin, Thymin, Uracil, Pentosen: Ribose und Desoxyribose). (Aus: Lüttge/Kluge/ Bauer, »Botanik«, 5. Aufl. 2005 – Abb. 16-2, S. 253.)

in der die beiden Stränge umeinander gewunden sind. Die RNA kann eine solche Doppelhelix nicht bilden, weil sie durch eine OH-Gruppe der Ribose-Reste daran gehindert wird. Deshalb findet man Basenpaarung der beschriebenen Art nur in kürzeren Abschnitten, und auch die Gesamtstruktur ist weniger regelmäßig als die der DNA.

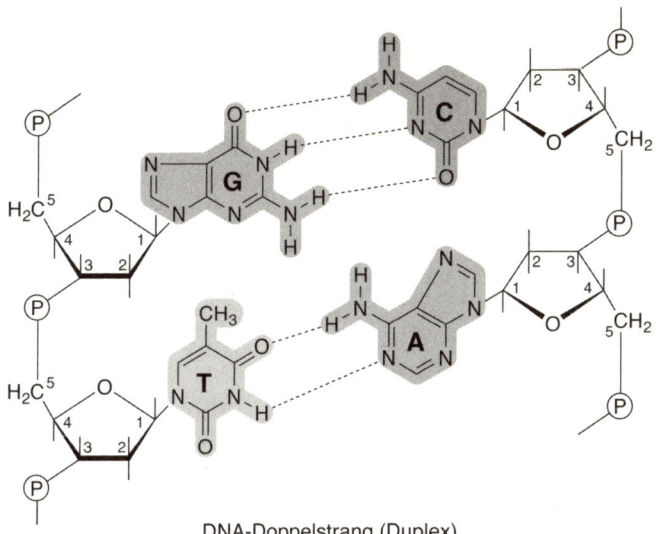

DNA-Doppelstrang (Duplex)

Abb. 30 Basenpaarungen im DNA-Doppelstrang. Zwei
DNA-Stränge der Doppelhelix mit Wasserstoff-Brücken
zwischen den Basen Guanin (G) und Cytosin (C) sowie
Thymin (T) und Adenin (A). (Aus: Lüttge/Kluge/Bauer:
»Botanik«, 5. Aufl. 2005, Abb. 16-5, S. 255.)

Diese Fähigkeit der spezifischen *Basenpaarung* spielt die entscheidende Rolle für die biologische Funktion von Nucleinsäuren, der
Speicherung und Verarbeitung genetischer Information. Als *Gene*
werden einzelne funktionelle Abschnitte der DNA bezeichnet, also
Nucleotidsequenzen innerhalb einer DNA. Je nach ihrer Funktion
unterscheidet man das für ein bestimmtes Polypeptid codierende
Struktur-Gen, das aktivierende *Operator-Gen* und das die Transkription steuernde *Regulator-Gen*. Die Gesamtheit aller Gene heißt *Genom*.
Für die Codierung von Proteinsequenzen sind Tausende von Genen
in einem Organismus zuständig. Sie enthalten die Information über
die Reihenfolge der Aminosäurereste von körpereigenen Proteinen.
Zu jedem Aminosäurerest existiert in der entsprechenden DNA-Sequenz ein Codewort, *Codon* genannt. Das Codon für die Aminosäure
Phenylalanin beispielsweise ist TTC. Als *Expression* eines Gens bezeichnet man die Umsetzung der Sequenzinformation der DNA in
einer Proteinsynthese. Daran nimmt das Gen nicht selbst teil, sondern sendet die Information aus dem Zellkern zum Ort der Proteinsynthese durch *Ribosomen*. Diese Ribosomen kommen in den Zellen

aller Organismen vor, sind submikroskopisch klein, meist zu sogenannten *Polysomen* aneinandergereiht und bestehen aus Riboproteinen mit rRNA (r für ribosomal). Zunächst wird durch *Transkription* der jeweils relevante Teil eines Gens in eine *messenger-RNA* (mRNA) umgeschrieben, deren Sequenz mit dem *codogenen DNA-Strang* übereinstimmt bzw. zu ihm komplementär ist. Da jedoch RNA Uracil statt Thymin besitzt, entsteht aus dem DNA-Triplett AAG das mRNA-Codon UUC. Die eigentliche Informationsübertragung erfolgt dann durch die Wechselwirkung der mRNA-Codons mit der *Transfer-RNA* (tRNA). So stellt entsprechend der Sequenzinformation die mRNA jeweils die richtige Aminosäure am Ribosom zur Synthese funktioneller Proteine bereit. Bei der Expression dieser Proteine wird also ein »Text« (eine Information) aus der »Nucleinsäure-Sprache« übersetzt, wobei das Nucleinsäure-Alphabet nur aus 4 Buchstaben (A, G, C und T) besteht. Die für diese Übersetzung geltenden Regeln werden als *genetischer Code* bezeichnet.

Von der DNA-Polymerase zur Polymerase-Kettenreaktion

Polymerasen gehören zur Gruppe der Transferasen. Als spezielle Nucleotidyl-Transferasen bewirken sie die Verknüpfung von Nucleotid-5'-triphosphaten zu Polynucleotiden unter Abspaltung von Diphosphat. Der DNA-Polymerase dienen Desoxyribonucleotide (Desoxy-nucleosidtriphosphate, abgekürzt dNTP), als Monomere, wobei die DNA-Polymerase einen bereits bestehenden DNA-Einzelstrang (Primer) als Vorlage (Matrize) für die Synthese eines neuen, komplementären Stranges nutzt. Die Nucleotidabfolge wird von der Matrize bestimmt, sodass die besondere Fähigkeit der DNA-Polymerase, die DNA-Sequenz beizubehalten, eine Kopie der in der DNA codierten Erbinformation ermöglicht. Der Mechanismus der Synthese ist ein nucleophiler Angriff einer endständigen 3'-Hydroxygruppe des DNA-Stranges auf das α-Phosphat des dNTP. Pyrophosphat wird dabei freigesetzt: Dieser entscheidende Schritt wird von der Polymerase katalysiert. Der Unterschied zu RNA-Polymerasen besteht darin, dass die Synthese eines komplementären DNA-Stranges durch DNA-Polymerasen nur dann erfolgen kann, wenn an der DNA ein freies 3'-Hydroxylende zu Verfügung steht. Die korrekte Kopie gelingt durch eine komplementäre Basenpaarung der eingebauten Nucleotidbasen mit den Basen der DNA-Matrize, wobei die Wasserstoffbrücken als Vermittler wirken.

Die Idee, DNA durch zwei flankierende Primer zu vervielfältigen, soll der norwegische Postdoktorand Kjell Kleppe bereits während seines Aufenthaltes bei dem Nobelpreisträger Har Gobding *Khorana* (Jg. 1922) am Massachusetts Institute of Technology (MIT) in Cambridge/USA in den 1970er Jahren gehabt haben. Khorana stammt aus Raipur, Punjab (im heutigen Pakistan), studierte an der Universität von Punjab in Lahore, schloss in England sein Studium ab und arbeitete bis 1949 an der ETH Zürich bei Vladimir *Prelog*, danach in Vancouver, an der Universität von Wisconsin-Madison und ist seit 1970 Professor für Biologie und Chemie am MIT. 1968 erhielt er zusammen mit M. W. *Nirenberg* (Jg. 1927; seit 1962 National Institute of Health in Bethesda) und R. W. *Holley* (Jg. 1922; ab 1968 Professor in La Jolla/Kalifornien) den Nobelpreis für Physiologie oder Medizin für seine Arbeiten zur Entzifferung des genetischen Codes. Ihm gelang 1970 als Erstem die künstliche Synthese eines Gens. Die Idee seines Postdocs griff jedoch erst der US-amerikanische Biochemiker Kary Banks *Mullis* (Jg. 1944) Anfang der 1980er Jahre wieder auf. Er entwickelte 1983 die *Polymerase-Kettenreaktion* (polymerase chain reaction, PCR). Sie basiert auf einer zyklisch wiederholten Verdoppelung von DNA, wozu eine thermostabile DNA-Polymerase verwendet wird. Mullis arbeitete ab 1972 als Forschungschemiker in verschiedenen Instituten und in der Industrie, ab 1987 als Berater für mehrere Gentechnikfirmen. Zusammen mit Michael *Smith* (Jg. 1923; seit 1983 Direktor des Biotechnologischen Laboratoriums an der British Columbia University in Vancouver) erhielt er 1993 den Nobelpreis für Chemie für die Entwicklung der PCR.

In Abb. 31 wird der DNA-Code zunächst in einen RNA-Code umgeschrieben, mit der Pentose (mit einer OH-Gruppe am C2-Atom, bei der Desoxyribose steht ein H-Atom) anstelle der Desoxyribose, der Pyrimidinbase anstelle von Thymin und in der Regel als Einzelstrang. Diese Transkription wird von der RNA-Polymerase katalysiert, wobei nur ein Strang der DNA, der *codogene Strang*, abgelesen wird und die beiden Stränge der DNA-Doppelhelix durch die RNA-Polymerase getrennt werden. Sie bleiben erhalten und vereinigen sich wieder, wodurch beliebig viele Transkriptionen möglich werden.

Das DNA-Codogen kann auf verschiedenen Wege erhalten werden: durch eine Replikation mit Hilfe der DNA-abhängigen DNA-Polymerase, als inverse Transkription mit Hilfe der RNA-abhängigen DNA-Polymerase oder durch die beschriebene Transkription durch die

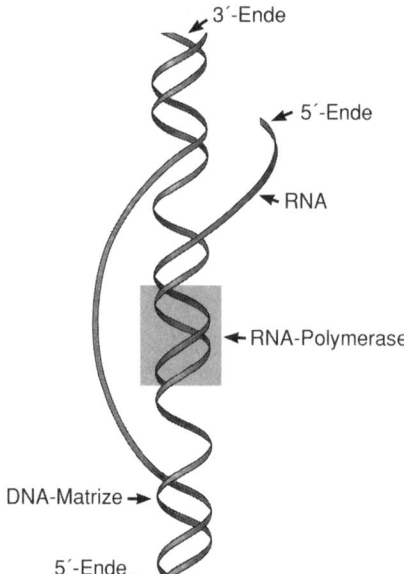

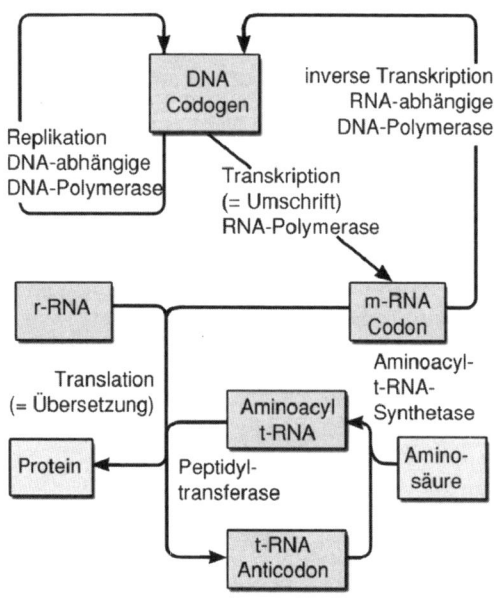

Abb. 31 Mechanismus der Transkription des DNA-Codes in den RNA-Code mit Hilfe der RNA-Polymerase. (Aus: Lüttge/Kluge/Bauer: »Botanik«, 5. Aufl., 2005 – Abb. 16-10, S. 259.)

RNA-Polymerase, durch die ein mRNA-Codon entsteht. Weitere Syntheseschritte zu Aminosäuren bzw. Proteinen sind in Abb. 32 dargestellt. Zellen mit einem Zellkern enthalten drei mit A, B, C oder I, II,

Abb. 32 Zusammenhänge zwischen DNA-, RNA-Arten, Replikation, Transkription und Translation. (Aus: Lüttge/Kluge/Bauer: »Botanik«, 5. Aufl. 2005 – Abb. 16-7, S. 257.)

III unterschiedene, DNA-abhängige RNA-Polymerasen – diese sind für die Synthese der rRNA, der mRNA bzw. der tRNA zuständig. Sie werden durch Magnesium- bzw. Mangan(II)-Ionen aktiviert. Schließlich sind die DNA-abhängigen *DNA-Polymerasen* für die Replikation des DNA-Stranges verantwortlich.

Die PCR-Methode findet breite Anwendung von der Forensik über die Gentechnologie bis zur Analytik gentechnisch veränderten Lebensmittel. Zur spezifischen Vervielfältigung von DNA wird eine *DNA-abhängige DNA-Polymerase* beispielsweise des thermophilen Bakteriums *Thermus aquaticus* (Taq-Polymerase) verwendet.

Das Verfahren besteht prinzipiell in der Vermehrung (*Amplifizierung*) von DNA-Abschnitten mithilfe enzymatischer, aufeinanderfolgender Syntheseschritte, um dann mit ausreichender Substanzmenge eine Elektrophorese-Analyse durchzuführen. Die als revolutionär bezeichnete Methode besteht aus drei Schritten (Zyklen) und ist heute weitgehend in sogenannten Thermocyclern automatisiert:

Im Zyklus 1 wird die doppelsträngige DNA in einer Lösung mit den vier Desoxyribonucleotid-triphoshaten (dNTP), den Primern, einem Reaktionspuffer und einer hitzestabilen DNA-Polymerase durch Erhitzen denaturiert und dabei in ihre Einzelstränge aufgetrennt. Durch Überschichten mit Mineralöl wird die Lösung vor Einflüssen aus der Umgebung geschützt. Im Zyklus 2 erfolgt bei niedrigerer Temperatur die Anbindung der Primer. Im Zyklus 3 wird wieder erwärmt und es erfolgt die Synthese der neuen DNA durch die Polymerase, wobei die jeweils vorhandene DNA als Vorlage dient. Diese drei Schritte bilden zusammen den PCR-Zyklus, wobei im letzten Kreis die Zeit um mehrere Minuten verlängert wird, um alle Stränge der DNA vollständig synthetisieren zu können. Dann wird wieder aufgeheizt und die gleichen Schritte erfolgen von neuem. (Weitere Details und spannende Geschichten rund um die PCR s. in R. Renneberg: »Biotechnologie für Einsteiger«.)

Das Humangenom-Projekt
1990 wurde in den USA ein mit Mitteln der Regierung finanziertes internationales Projekt in einem Forschungsverbund gegründet, das zum Ziel hatte, das Genom des Menschen vollständig zu entschlüsseln. Dazu musste die Abfolge der Basenpaare in der menschlichen DNA auf ihren einzelnen Chromosomen durch Sequenzieren identifiziert werden. Diese vollständige Sequenzierung sollte als

Grundlage dienen, um Erbkrankheiten zu erkennen und vielleicht auch die Mechanismen der Krebsentstehung besser zu verstehen. Geleitet wurde das Projekt von James Watson (bis 1992), danach von dem Genetiker Francis Collins. Aus 40 Ländern waren zu Beginn mehr als 1000 Wissenschaftler beteiligt, ab 1995 wurde auch in Deutschland das »Deutsche Humangenomprojekt« durch das Bundesministerium für Bildung und Forschung sowie durch die Deutsche Forschungsgemeinschaft (DFG) gefördert. 2003 wurde das Humangenom-Projekt, das eigentlich bis 2010 geplant war, bereits abgeschlossen – offiziell wurde der Code als »vollständig entschlüsselt« bezeichnet. Als Werkzeuge wurden Enzyme eingesetzt, die in gegen Phagen widerstandsfähigen Mikroorganismen gefunden worden waren; sie zerschnitten die DNA der Phagen an genau definierten Stellen. Diese »intelligenten DNA-Scheren« werden als *Restriktions-Endonucleasen* bezeichnet. (Ausführliche Darstellungen in »Spektrum der Wissenschaft – Dosier: Das neuen Genom«, 1/06.)

4.4 Dirigenten des Lebens: Das System Hypophyse/ Nebennierenrinde

Hans-Joachim Flechtner beendet sein Buch »Chemie des Lebens« (1952) mit der Frage *Und der Dirigent?* Er kommt zu dem Ergebnis, dass der Hypophysenvorderlappen im Zusammenspiel der Hormone eine ausgezeichnete Stellung einnehme – man habe sie als die »Meisterdrüse« des Organismus, das »Hormongehirn«, den »Dirigenten« genannt, der das Orchester der einzelnen Stimmen leite und zu einer Einheit forme. Außerdem bezeichnet er das System Hypophyse-Nebennierenrinde als eine Art allgemeines *Verteidigungs-System des Organismus*. Schließlich weist er darauf hin, dass die Hypophyse in engster Verbindung zum *Zentralnervensystem*, speziell zum *Zwischenhirn* steht.

Auch nach 50 Jahren weiterer Forschung wird die *Hypophyse* als *Hormondrüse* mit einer zentralen übergeordneten Rolle bei der Regulation des gesamten neuroendokrinen Systems im Körper charakterisiert. Unterschieden wird zwischen Hormonen des Hypophysenvorderlappens (*Adenohypophyse)* und des Hypophysenhinterlappens (*Neurohypophyse*). Hormone, die direkt auf ihre Zielorgane wirken, werden als *nichtglandotrope* Hormone bezeichnet. *Glandotrope* Hor-

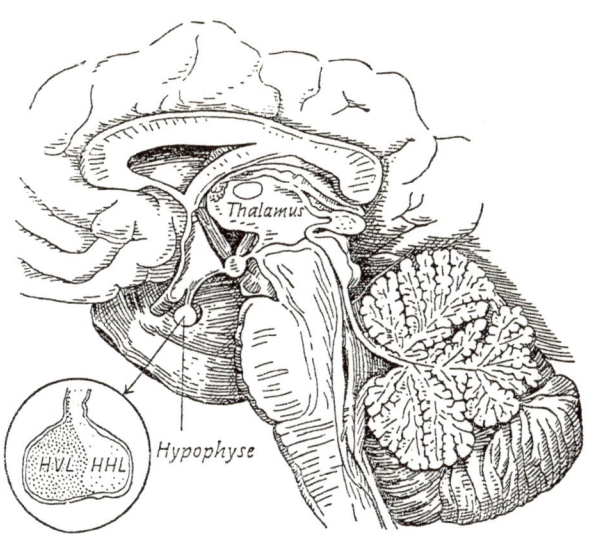

Thalamus

H.VL HHL

Hypophyse

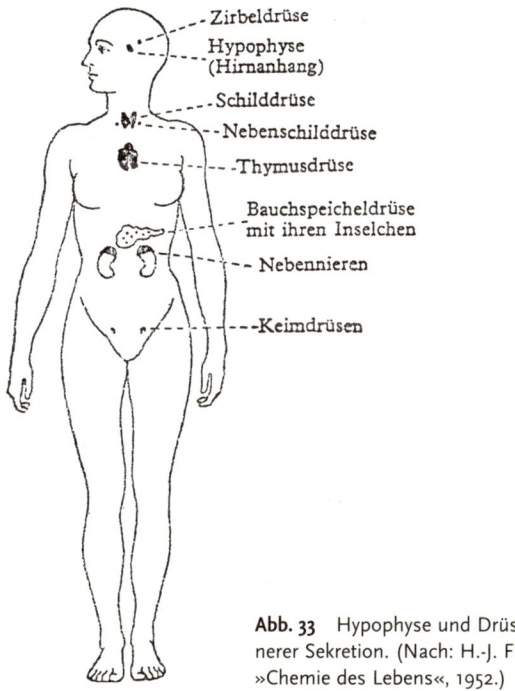

Zirbeldrüse

Hypophyse
(Hirnanhang)

Schilddrüse

Nebenschilddrüse

Thymusdrüse

Bauchspeicheldrüse
mit ihren Inselchen

Nebennieren

Keimdrüsen

Abb. 33 Hypophyse und Drüsen mit innerer Sekretion. (Nach: H.-J. Flechtner, »Chemie des Lebens«, 1952.)

mone dagegen stimulieren die Hormonproduktion nachgelagerter endokriner Drüsen.

An je zwei Beispielen werden Hormone der beiden Gruppen sowie auch die Verbindung Hypophyse/ Hypothalamus (das *hypothalamisch-hypophysäre System*) vorgestellt und damit die Wirkung der Hypophyse als *Dirigent des Lebens* belegt. Auf anatomische Details wird dem Konzept des Buches entsprechend nicht näher eingegangen.

Der *Hypophysenvorderlappen* (HVL) produziert u. a. ACTH und die Gonadotropine. Mit *ACTH* ist das die Nebennierenrinde stimulierende *adrenocorticotrope Hormon* gemeint. Es wird auch als *Corticotropin* bezeichnet (Name von der WHO bevorzugt), ist ein Peptid-Hormon aus 39 Aminosäuren und regt die Nebennierenrinde zur Bildung der *Corticosteroide* an. Zu der Gruppe der Corticosteroide zählen die *Glucocorticoide* (wie Cortisol = Hydrocortison). Sie steuern vor allem längerfristige Stoffwechselphasen wie die Stressbereitschaft, der Schlaf-Wach-Rhythmus und beeinflussen auch den Kohlenhydrat- und Eiweißstoffwechsel. Im Kohlenhydratstoffwechsel aktivieren sie die Gluconeogenese und erhöhen andererseits den Glykogengehalt in der Leber. Weitere Funktionen sind im Fettstoffwechsel nachgewiesen, bei der Kochsalzretention, der Kaliumausscheidung und in der Unterdrückung allergischer und entzündlicher Reaktionen sowie bei der Verminderung der Antikörperbildung.

Gonadotropine steuern und regulieren Funktion und Wachstum der Gonaden (Eierstöcke und Hoden). Zur Biosynthese und Sekretion der Gonadotropine regt ein im Hypothalamus gebildetes Decapeptid an, das als *Gonadotropin-Releasing-Hormon* bezeichnet wird.

Die *Neurohypophyse* speichert und schüttet u. a. das Oxytocin und das Hormon ADH aus. *Oxytocin* ist ein Peptidhormon aus nur neun Aminosäuren, ringförmig aufgebaut und weist eine Disulfidbrücke auf. Im weiblichen Organismus wirkt es wehenauslösend und laktationsfördernd. Oxytocin wird im Hypothalamus gebildet und vom Hypophysenhinterlappen ausgeschüttet. *ADH*, das antidiuretische Hormon, auch als *Vasopressin* bezeichnet, hemmt die Harnausscheidung und erhöht den Blutdruck. Es ähnelt dem Oxytocin, ist ebenso cyclisch und aus neun Aminosäuren aufgebaut.

Viele der genannten Hormone zeigen in den Konzentrationen im Blut Zyklen oder Rhythmen (Tages- bis Jahresrhythmen). Ein Beispiel dafür ist das Cortisol mit einem Circadian-Rhythmus (Tagesrhythmus, auch bei Adrenalin und Noradrenalin zu finden). Andere Hormonspiegel im Blut sind *ereignisgesteuert,* sodass der Organismus auf veränderte äußere oder innere Bedingungen reagieren kann.

Wichtig ist unter dem Aspekt des *Dirigenten* auch die Verknüpfung von Hormonsystemen, die in einigen Fällen sogar eine Hierarchie bilden. So ist die *Hypophysen-Hypothalamus-Achse,* die vom Zentralnervensystem (ZNS) kontrolliert wird, von besonderer Bedeutung. Die Mechanismen kann man vereinfacht wie folgt darstellen: Nervenzellen im Hypothalamus reagieren auf stimulierende oder auch hemmende Reize des ZNS durch die Ausschüttung aktivierender oder hemmender Faktoren, *Liberine* bzw. *Statine* genannt. Diese Neurohormone gelangen auf kurzem Weg über das Blut in die Adenohypophyse und stimulieren (Liberine) bzw. hemmen (Statine) die Biosynthese von *Tropinen,* womit wir bei den schon vorgestellten Peptid-Hormonen Corticotropin und Gonadotropin (und auch den Schilddrüsenhormonen, den *Thyrotropinen*) angelangt sind. Diese Tropine wiederum stimulieren peripher angeordnete Drüsen zur Biosynthese der glandulären Hormone, die schließlich im Zielorgan bzw. in Zielzellen ihre Wirkung entfalten. Rückkopplungen sorgen für eine Beeinflussung am Anfang des Systems. Cortisol, Progesteron und Testosteron (als Sexualhormone) sind Beispiele für die beschrieben Abläufe auf der genannten Achse.

Vom Aufbau und der Chemie ausgehend unterscheidet man zwischen lipophilen und hydrophilen Hormonen. *Lipophile Hormone* wie die Steroidhormone werden aus *Cholesterol* gebildet. Zu den *hydrophilen Hormonen* zählen Catecholamine (Adrenalin, Noradrenalin), Histamin und Insulin. Im Steroidstoffwechsel spielen wie auch bei allen anderen vorgestellten Vorgängen des Lebens *Enzyme* eine wichtige Rolle, die den gleichen Gruppen angehören wie etwa die Enzyme der Verdauung und von speziellen biochemischen Zyklen. Außerdem bilden Hormone *Konjugate,* die bei den Steroidhormonen zur Inaktivierung dienen. Die wichtigsten *Wirkungsmechanismen* lassen sich für lipophile Signalstoffe (Hormone) mit den Begriffen Bindung an Carriermoleküle im Blut und Bindung an Hormonrezeptoren, um in das Zellinnere bis zum Zellkern zu gelangen, zusammenfassen. Der Hormonrezeptor dissoziiert ein Protein ab und kann phosphoryliert werden, wonach seine Affinität zu spezifischen Nucleotidsequenzen der DNA zunimmt und er dann dimerisiert. Entscheidend für die Hormonwirkung ist die Bindung des Hormon-Rezeptor-Dimers an den DNA-Doppelstrang, wodurch eine Verstärkung der Transkription benachbarter Gene eintritt. Als Ergebnis wird durch die Wirkung des Hormons ein veränderter Spiegel an mRNA für Schlüsselproteine im Zellgeschehen erzielt.

Die Rezeptoren *lipophiler Hormone* zählen zu einer *Protein-Superfamilie* mit oft cysteinreichen Sequenzen, die durch Zink-Ionen koordinativ gebunden sind – sie werden als *Zinkfinger* bezeichnet. Rezeptoren für Steroidhormone sind in der Regel solche Zinkfinger-Proteine. Insgesamt kann man Peptid- und Proteo-(Protein-)Hormone als primäre Genprodukte bezeichnen, deren Information durch Transkription von der DNA abgelesen wird. Es entsteht eine mRNA, die zunächst ein Prohormon als Vorstufe synthetisiert. Die übergeordneten Regelsysteme (s. o.) kontrollieren die Biosynthese, den Abbau und die Inaktivierung.

Somit kommen wir zur Frage nach dem *Dirigenten* bzw. zur Funktion der *Nebennierenrinde* in diesen Zusammenhängen zurück. Unter der Kontrolle des ACTH des Hypophysenvorderlappens (s. o.) produziert die Nebennierenrinde Corticosteroide (Glucocorticoide) und sogenannte Mineralocorticosteroide, aus dem Cholesterin synthetisiert. Sie regeln wie das Aldosteron primär den Transport von Natrium- und Kalium-Ionen, beeinflussen insgesamt die Aufnahme, Verteilung und Ausscheidung der Elektrolyte und dadurch auch die Verteilung des Wassers in den Geweben. Im adrenalen Gewebe entstehen Adrenalin und Noradrenalin als Stresshormone, sodass die Bezeichnung von Flechtner als Verteidigungssystem des Organismus gerechtfertigt ist.

Abschließend seien als wichtige hormonliefernde Drüsen noch die *Schilddrüse* und die *Thymusdrüse* genannt. Die Schilddrüse erzeugt in ihren C-Zellen das Hormon *Calcitonin*, das eine wesentliche Rolle im Calciumstoffwechsel spielt, und bildet stoffwechselaktive Iodverbindungen wie das Hormon T_3 (Triiodthyronin), das den Energieumsatz (Grundumsatz), die Atmung und den Kreislauf steuert und Steuerungsfunktionen im Protein-, Kohlenhydrat- und Fettstoffwechsel wahrnimmt. Die wachstumsfördernde Wirkung ist entscheidend für die Entwicklung im Kindesalter. Auch die Tätigkeit dieser speziellen Drüse wird vom Hypophysenvorderlappen, der Adenohypophyse, durch das Hormon *Thyrotropin* gesteuert.

In der Wachstumsphase produziert die *Thymusdrüse* bei Mensch und Tier Peptidhormone, die insgesamt Wachstum, Stoffwechsel sowie Lymph- und Immunsystem beeinflussen. Auch sie wird durch ein thymotropes Hormon des Hypophysenvorderlappens angeregt.

Fasst man die Funktionen des *Dirigenten* zusammen, so gelten die allgemeinen Punkte, die Flechtner in seiner »Chemie des Lebens« festgehalten hat, noch heute: Die *Keimdrüsen* sind zwar für die Biosynthese und Ausschüttung der Sexualhormone zuständig, angeregt und kontrolliert werden sie aber von den gonadotropen Hormonen des HVL. In der *Nebennierenrinde* findet der Hormonstoffwechsel wie beschrieben nur statt, wenn das adrenocorticoide Hormon ACTH von der HVL ihn stimuliert. Das Gleiche gilt für thyreotrope Hormone in der Schilddrüse, das parathyreotrope Hormon in den Nebenschilddrüse (Parathyrin, PTH, verantwortlich für den Knochenabbau durch Remobilisierung des Calciums) und das Pankreas-Hormon in der Bauchspeicheldrüse. Mit Pankreas-Hormon ist im engeren Sinne das Insulin gemeint; zu diesem Sammelbegriff werden auch die Hormone Glucagon als Gegenspieler des Insulins und Somatostatin als Growth-Hormone-Release-Inhibition-Factor (ein Tetrapeptid mit hemmender Wirkung auf Hypophysen- und auch Verdauungs-Hormone) gezählt.

Wie man sieht, sind die Bezeichnungen für den *Hypophysenvorderlappen* (HVL) als *Meisterdrüse*, als *Hormongehirn* oder als *Dirigent der Lebensfunktionen*, die *Flechtner* 1954 geprägt hat, noch heute berechtigt.

4.5 Synthetische Biologie

Die Wurzeln der *Biotechnologie* liegen mit dem Bierbrauen und der Wein- und Essigbereitung, die Reinhard *Renneberg* in seinem Buch »Biotechnologie für Einsteiger« (2006) als »Muttermilch der Zivilisation« bezeichnet, bei den Sumerern in Mesopotamien vor 6000–8000 Jahren. Die *Molekularbiologie* als Teildisziplin der Biologie erforscht die molekularen Grundlagen des Lebens. Der Nobelpreisträger Adolf Butenandt (s. Abschnitt 4.2) definierte sie im Buch von Hans Joachim Bogen (s. Vorwort) wie folgt:

>»Zahlreiche biologische Mechanismen lassen sich auf molekulare Ereignisse zurückführen, das heißt aus dem Bau und den Eigenschaften chemischer Moleküle und deren Reaktionsweisen in der lebenden Zelle deuten. So wurde ein Zweig der modernen Biologie zur ›Molekularbiologie‹.«

Der englische Physiker und Molekularbiologie William Thomas *Astbury* (1898–1961), Universität Leeds, dessen Arbeiten zum Keratin die Grundlage für Linus *Paulings* Entdeckung der α-Helix bildeten, befasste sich auch mit der Struktur der DNA und prägte bereits um 1952 den Begriff Molekularbiologie.

Die *Gentechnologie*, die als ein Teilgebiet sowohl der Molekularbiologie als auch die Biotechnologie verstanden wird, entwickelte sich Mitte der 1970er Jahre. Sie beschäftigt sich unter verschiedenen Aspekten mit der Isolierung, Analyse und Veränderung von genetischem Material.

Obwohl die Bezeichnung *Synthetische Biologie* in Veröffentlichungen schon mehrmals ab 1912 verwendet wurde, etablierte sich der Begriff erst durch Eric *Kool* (Jg. 1960, seit 1999 Prof. für Chemie in Stanford) im Jahre 2000 auf dem Jahrestreffen der »American Chemical Society« in San Francisco. 2004 fand die erste wissenschaftliche Konferenz zur synthetischen Biologie am Massachusetts Institute of Technology (MIT) statt. In diesem neuen Spezialgebiet arbeiten Biologen, Chemiker und Ingenieure (wie auch in den Bereichen der Bio- und Gentechnologie) zusammen mit dem Ziel, *biologische Systeme zu erzeugen, die in der Natur nicht vorkommen*. So wird der Biologe zum Designer von Zellen bis hin zu Organismen. Diese synthetischen biologischen Systeme sollen neue Eigenschaften aufweisen.

Der Unterschied zur Gentechnik besteht darin, dass es nicht das Ziel ist, einzelne Gene von einem Organismus auf einen anderen Organismus zu übertragen. Die synthetische Biologie verfolgt das sehr ehrgeizige und möglicherweise ethisch bedenkliche Ziel, *komplette neue biologische Systeme* zu erzeugen. Sie wird allgemein als ein Fachgebiet im Grenzbereich von Molekularbiologie, organischer Chemie, Nanobiotechnologie, Informationstechnik und Ingenieurwissenschaften verstanden.

Die Deutsche Forschungsgemeinschaft gab zusammen mit der Deutschen Akademie und der Leopoldina (Nationale Akademie der Wissenschaften) bereits im Juli 2009 eine Pressemitteilung heraus, in der sie zu den Chancen und Risiken der synthetischen Biologie Stellung nahm. In der Forschung werden bisher unterschiedliche Strategien verfolgt, die auch schon erste praktisch anwendbare Ergebnisse zeigten.

Im Spezialgebiet *biomimetische Chemie* werden nach biologischen Vorbildern schrittweise chemische Systeme aufgebaut, die bestimmte Eigenschaften von Lebewesen aufweisen sollen.

Als Beispiel sei das Hühnerei als biologisches Vorbild genannt, in dem die Natur eine einzelne Zelle durch eine dünne mineralische Schicht aus Calciumcarbonat schützt. In einer 2009 in der Zeitschrift »Angewandte Chemie« erschienenen Publikation (S. H. Yang et al.: »Biomimetic Encapsulation of Individual Cells with Silica«) berichten koreanische Wissenschaftler über eine Strategie, einzelne Zellen von Bäckerhefe (*Saccharomyces cerevisiae*) mit einer künstlichen Schale aus Siliciumdioxid zu umgeben, wodurch sich die Lebensdauer der Hefezellen verdreifacht: Die Zellteilung wird gezielt unterdrückt und zugleich werden die Zellen vor negativen äußeren Einflüssen geschützt.

Die Wissenschaftler wurden bei ihren Arbeiten durch die natürliche Schalenbildung bei Kieselalgen inspiriert, bei denen spezielle langkettige Moleküle mit vielen positiven Ladungen die Biomineralisation auf der Oberfläche auslösen. In dem biomimetischen Prozess für Hefezellen werden die Zellmembranen zunächst mit 21 Schichten von synthetischen Polymeren überzogen, wobei Schichten mit vielen positiven und Schichten mit vielen negativen Ladungen sich abwechseln. Danach werden die Hefezellen in eine Lösung mit Silicat-Ionen gegeben; dort lagern sich diese an die äußerste positive Schichte der Hefezellen an und bilden somit eine vollständige Kapsel aus mineralisiertem Siliciumdioxid. (Auch das Hühnerei enthält auf der inneren Kalkschale ein Häutchen, eine Membran.) Als weitergehende Ziele dieser Forschungen wird der Einsatz genetisch veränderter Hefezellen als pharmazeutische Wirkstoffe, der Einsatz in der molekularbiologischen Forschung für grundlegende Untersuchungen zellulärer Vorgänge und zur Diagnostik menschlicher Erkrankungen genannt.

Weitere bereits in die alltägliche Praxis umgesetzte Ergebnisse wurden im Bereich der *Konstruktion von Enzymen* erzielt. Bereits 1983 begann man damit, Aminosäuresequenzen von Enzymen zu verändern. Ziel war es, neue katalytische Eigenschaften zu erzeugen. So konnten besonders thermostabile Enzyme für den Einsatz in Waschmitteln synthetisiert werden.

Auch für die *Konstruktion von Stoffwechselwegen* wurde ein in die Praxis umgesetztes Beispiel beschrieben. Gentechnisch konnten transgene Organismen hergestellt werden. Mit Hilfe der Rekombinationstechnik werden die *genetischen Karten neu gemischt* (R. Renneberg). Dazu wird ein Strukturgen mit dem entsprechenden Promotor und Steuergenen in ein Wirtsgen eingebaut. Dadurch wird dieses Gen mit Hilfe des vorhandenen Stoffwechselweges exprimiert, um den gewünschten Stoff herzustellen. Ein bekanntes Beispiel ist die gentechnische Gewinnung von Insulin durch das Bakterium *Escherichia coli*. In einem speziellen *Escherichia-coli*-Stamm konnte, noch einen Schritt weiter gehend, der Stoffwechselweg von Acetyl-CoA zur Bildung von *Amorphadien* »designed« werden – einer Vorstufe zu *Artemisinin* als Medikament gegen Malaria. Dazu mussten Gene sowohl aus der Blutregenalge *Haematococcus pluvialis* als auch aus Hefezellen (*Saccharomyces cerevisiae*) verwendet werden. Bisher wurde Artemisinin aus dem einjährigen Beifuß (*Artemisia annua*) mit geringen Ausbeuten gewonnen.

Weitere Ziele der synthetischen Biologie sind die Konstruktion von biochemischen Signalwegen und global die Erweiterung des genetischen Codes. Zugrunde liegt der *Konstruktion biochemischer Signalwege* die Regulation der Genexpression. So wird ein Signalmolekül, das die Transkription eines Proteins blockiert (als Repressor wirkt), so verändert, dass es den Weg für die RNA-Polymerase freigibt. Damit wird die Enzymsynthese für einen bestimmten Stoffwechselweg geöffnet und es werden Moleküle produziert, die nun wiederum entweder für die Induktion oder die Expression von Genen eingesetzt werden können.

Im Bereich des *genetischen Codes* ist es das Ziel, modulare genetische Einheiten, sogenannte *BioBricks* (biologische Bausteine), zu schaffen, die sich in Bakterien einfügen lassen. Zahlreiche Experimente beschäftigen sich auch mit der *Genom-Rekonstruktion* (beispielsweise des Genoms von Bakteriophagen) oder mit der *Genom-Komplettsynthese* von Bakteriophagen. Am 20. Mai 2010 wurde von Forschern in einer *Science-Online*-Veröffentlichung sogar die Herstellung eines künstlichen Bakteriums bekannt gegeben. Das 1,08 Millionen Basenpaare umfassende Erbgut eines Laborstammes des Bakteriums *Mycoplasma mycoides* hatte man dazu aus chemischem Rohmaterial synthetisiert. Diese wurde dann in ein Bakterium von *Mycoplasma capricolum* übertragen, dem zuvor die eigene DNA entfernt worden war. Die mit dem synthetischen Genom versehenen Zellen erwiesen sich nach Aussagen der Autoren als selbstreplizierend und sogar zu einem exponentiellen Wachstum fähig. Mycoplasmen sind sehr kleine Bakterien (aus der Klasse der Mollicutes – der »Weichhäutigen«) und haben das kleinste Genom der zur Auto-Replikation befähigten Prokaryonten (s. Abschnitt 2.1). *Prokaryonten* besitzen keinen echten, von einer Kernhülle umgebenen Zellkern, sondern eine membranlose Kernregion, in der sich die DNA als ringförmig geschlossener Strang frei im Cytoplasma befindet. Die Zellwand der Prokaryonten enthält als Stützgerüst überwiegend das Peptidoglykan Murein aus Ketten von Disacchariden des N-Acetyl-D-Glucosamins, vernetzt mit N-Acetylmuraminsäure. Mykoplasmen sind parasitär, intra- und extrazellulär lebende Bakterien. Sie sind bei Pflanzen, Tieren und Menschen auch die Ursache zahlreicher Krankheiten.

Mit diesem Beispiel der Genom-Komplettsynthese kommen wir zu den noch ungelösten Fragen der Bioethik und auch zu Fragen der Patentierung.

Anhand dieser Beispiele lassen sich die allgemeinen Ziele der synthetischen Biologie wie folgt zusammenfassen (nach einer Mitteilung der DFG – Chancen und Risiken):

- Künstliche, biochemische Systeme werden in lebende Organismen integriert, um diesen neue Eigenschaften zu verleihen.

- Biologische Systeme werden schrittweise aus synthetisieren Molekülen nach biologischen Vorbildern aufgebaut mit dem Ziel, Protozellen als »lebensfähige« Organismen zu erhalten.

- Biologische Systeme werden bis auf die minimal notwendigen Komponenten reduziert, damit dann in diese »Hülle« (*Chassis*) austauschbare Bausteine, *BioBricks*, als neuartige Funktionsvarianten eingefügt werden können.

- Unter der Suche nach *orthogonalen Biosystemen* versteht man alternative chemische Systeme, mit denen unter Verwendung atypischer Substanzen Systeme mit gleichen biologischen Funktionen innerhalb von Zellen nachgebaut werden können.

Diesen Zukunftsvisionen möchte ich zum Abschluss dieses Kapitels und des Buches einen Text gegenüberstellen, den der Chemiker Friedrich *Schoedler* (1813–1884, Schüler Liebigs, 1854–1883 Rektor der Realschule in Mainz) in seinem *Buch der Natur* von 1846 formuliert hat. Er führt den Leser zum Anfang dieses Buches zurück. Scho-

Abb. 34 Das Buch der Natur. Abbildungen in »Das Buch der Natur« (1846) von Friedrich Schoedler mit dem einleitenden Text: »Das Buch der Natur liegt seit Jahrtausenden aufgeschlagen vor dem Blicke des Menschen.(...) Zu allen Zeiten und aller Orten hat der Mensch die Sprache der Natur zu verstehen versucht ...«

edler verwendet zwar noch den Begriff *Lebenskraft* (s. Abschnitt 1.2), stellt zugleich aber auch die Bedeutung von Chemie und Physik für die Deutung der Lebenserscheinungen heraus und betont, dass auch nach dem Tod die Gesetze der Naturkräfte ihre Gültigkeit behalten.

»Die Lebenserscheinungen im Allgemeinen

Unter Leben verstehen wir die Gesammtthätigkeit aller Organe der
Pflanze und des Thieres und die daraus folgenden Erscheinungen.

Die Ursache jener Thätigkeiten ist die Lebenskraft. Es ist ungewiß, ob
diese Kraft eine an und für sich bestehende, oder ob sie nur die
Summe aller bekannten Naturkräfte ist, die unter besonderen Verhält-
nissen und in eigenthümlicher gegenseitiger Beschränkung wirkend das
hervorbringen, was wir der Lebenskraft zuschreiben.

Daß die aus der Physik und Chemie uns bekannten Kräfte, wie Anziehung und insbesondere die chemische Anziehung an den Lebenserscheinungen den bedeutendsten Antheil nehmen, unterliegt keinem
Zweifel. Es hat sich für die Forschung von ergiebigem Erfolg erwiesen,
die Lebenserscheinungen so weit als möglich aus der Wirkung der uns
bekannteren, allgemeinen Naturkräfte zu erklären und so wenig als
möglich der Lebenskraft zuzuschreiben. Nur auf diese Weise wird es
gelingen, die Lebenskraft, falls sie wirklich als besondere Kraft existirt,
von der Mitwirkung anderer Kräfte getrennt aufzufassen und ihre Gesetze kennen zu lernen.

Die Lebenskraft zeichnet sich vor Allem durch ihr Vermögen aus, die
einfachen chemischen Stoffe in einer Weise anzuordnen und dadurch
Gebilde hervorzubringen, wie uns dies durch Anwendung aller uns zu
Gebote stehenden Kräfte unmöglich ist und aller Wahrscheinlichkeit
nach immer bleiben wird.

Wir können zwar alle chemischen Bestandtheile in den geeigneten Ge-
wichtsverhältnissen zusammenbringen, wie sie z. B. die Pflanzenfaser
enthält, aber allein die Lebenskraft ist fähig, daraus eine Zelle oder ein
Gefäß zu bilden.

Als Grundwirkung der Lebenskraft erscheint ihr Vermögen, die pflanzliche oder thierische Zelle zu bilden und dies durch Aufnahme neuer
Stoffe von Außen durch sogenannte Nahrung nach allen Richtungen
hin zu vermehren oder, mit anderen Worten, das Wachsthum derselben
zu vermitteln.

Das Wachsen der durch die Lebenskraft hervorgerufenen Gebilde geht
jedoch weder dem Raume, noch der Zeit nach bis in's Unendliche.
Nach Gesetzen und Nothwendigkeiten, über deren Ursprung wir nicht
die geringste Vorstellung haben, erzeugt vielmehr die Lebenskraft eine
unendliche Mannichfaltigkeit von Einzelwesen (Individuen), die in
Form und Ausdehnung beschränkt ist.

Ist für irgend ein lebendes Individuum das seinen Bildungsgesetzen
entsprechende Maaß erreicht, so hört, auch unter den günstigsten

äußeren Bedingungen, die Weiterentwicklung auf. Die Thätigkeit der Lebenskraft hat gleichsam in fortwährend Geschwindigkeit oder Kraft einen Punkt erreicht, von welchem an ihre Stärke fortwährend abnimmt, bis sie endlich gleich Null ist. Wir bezeichnen den Augenblick des Aufhörens der Lebenskraft als den Tod der Pflanzen und Thiere.

Von dem Augenblicke an, wo der Tod eingetreten ist, gelten für die Leiche durchaus nur die Gesetze der allgemeinen Naturkräfte, und vor allem ist es die chemische Anziehung, welche das erstorbene Gebilde der Lebenskraft zerstört und in eine Reihe chemische Verbindungen zerfällt. (...)«

Die Gesetzmäßigkeiten, die Schoedler mit dem Wissen seiner Zeit anspricht, sind heute weitgehend bekannt und entsprechen den beschriebenen Themen *Enzymsysteme* bis zum *Genom*. Im Text wird mehrmals die Bezeichnung *chemische Anziehung* verwendet, die wir nicht nur als *Affinität*, sondern auch weit umfassender im Zusammenwirken der beschriebenen biochemischen Systeme verstehen können. Schoedler führt den zitierten Text mit noch allgemeineren Bemerkungen fort, in denen nochmals die *Anziehungskraft*, sogar am Beispiel der Kristallbildung, verwendet wird:

»Als den zum Verstehen der Lebenserscheinungen wichtigsten Grundsatz müssen wir uns bemerken, daß die Lebenskraft nicht im Stande ist, auch nur das kleinste Theilchen eines ihrer Gebilde zu erzeugen. Ihr Vermögen beschränkt sich lediglich darauf, gegebene Stoffe umzubilden, ihnen die Form des Organisirten zu geben. Alle einfachen chemischen Stoffe, die wir deshalb als Bestandtheile des Körpers der Pflanzen und Thiere antreffen, sind niemals von diesem erzeugt, sondern sie sind von außen aufgenommen und durch die Lebenskraft zu einer bestimmten Form und Verbindung vereinigt worden.

Durch ihr Vermögen, durch Aufnahme neuer Stoffe von Außen, das Wachsen ihrer Gebilde zu veranlassen, zeigt die Lebenskraft Uebereinstimmung mit jener Anziehungskraft, welche die Entstehung der Krystalle (...) veranlaßt.

Die Gesetze, nach welchen das Wachsthum der organisirten und der unorganisirten Körper stattfindet, sind jedoch wesentlich verschieden.(...)«

Die Suche nach den Gesetzen über mehr ein Jahrhundert ermöglicht es uns heute, viele der Sätze aus Schoedlers *Buch der Natur* konkreter zu formulieren, sie durch chemische Mechanismen zu erklären und mit den Methoden der *synthetischen Chemie* das *Buch der Natur* neu zu schreiben oder zumindest fortzusetzen.

Literatur

Populärwissenschaftliche (und historische) Werke

Arrhenius, Svante: *Die Chemie und das moderne Leben*, Akadem. Verlagsges., Leipzig 1922.

Asimov, Isaac: *Träger des Lebens. Eine wundersame Geschichte von Wesen und Aufgabe des Blutes*, Heyne, München 1964.

Bäumler, Ernst: *Das maßlose Molekül. Bilanz der internationalen Krebsforschung*, Econ, Düsseldorf/Wien 1967.

Bogen, Hans Joachim: *Knaurs Buch der modernen Biologie*, Droemer Knaur, München 1967.

Borek, Ernest: *Ärzte, Ratten und Retorten. Wunderwelt Biochemie*, Varia Verlag Dr. Walter Schmid, Stuttgart 1955.

Boschke, F. L.: *Die Schöpfung ist noch nicht zu Ende. Naturwissenschaftler auf den Spuren der Genesis*, Econ, Düsseldorf/Wien 1962 (161.–180. Tausend 1965!).

Boschke, F. L.: *Die Herkunft des Lebens. Wissenschaftler auf den Spuren der letzten Rätsel*, Econ, Düsseldorf/Wien 1970.

Flechtner, Hans-Joachim: *Chemie des Lebens. Von den chemischen Vorgängen in Pflanze, Tier und Mensch*, Deutscher Verlag, Berlin 1952.

Flechtner, Hans Joachim: *Die Welt in der Retorte. Eine moderne Chemie für Jedermann*, Deutscher Verlag, Berlin 1938.

Foster, William: *Welt und Wunder der Chemie* (Originaltitel: The Romance of Chemistry, übersetzt von Werner Bloch), Drei Masken Verlag, München 1931.

Lassar-Cohn: *Die Chemie im täglichen Leben. Gemeinverständliche Vorträge*. Elfte, neubearbeitete Auflage von D. M. Mechling, Verlag von L. Voß, Leipzig 1925.

Moore, John und Richard Langley: *Die Lebensformeln der Lebensformen. Biochemie für Dummies*, Wiley-VCH, Weinheim 2009.

Pilgrim, E.: *Chemie – überall Chemie*, Wiss. Verlagsges., Stuttgart, 3. Aufl. 1946.

Schmeil, Otto: *Leitfaden der Botanik. Ein Hilfsbuch für den Unterricht in der Pflanzenkunde an höheren Lehranstalten*, Verlag Erwin Nägele, 18. Aufl. Leipzig 1908.

Schoedler, Friedrich: *Das Buch der Natur, die Lehren der Physik, Chemie, Mineralogie, Geologie, Physiologie, Botanik und Zoologie umfassend. Allen Freunden der Naturwissenschaft, insbesondere den Gymnasien, Real- und höheren Bürgerschulen gewidmet*, Vieweg, Braunschweig 1846.

Vester, Frederic: *Leitmotiv vernetztes Denken. Für einen besseren Umgang mit der Welt*, W. Heyne, München, 4. Aufl. 1993.

Weiterführende Literatur

Biesalski, Hans Konrad und Peter Grimm: *Taschenatlas der Ernährung*, Thieme, Stuttgart, 4. Aufl. 2007.

DFG (Hrsg.): *Synthetische Biologie / Synthetic Biology – Stellungnahme / State-*

Die Chemie des Lebens. Georg Schwedt

Copyright © 2011 WILEY-VCH Verlag GmbH & Co. KGaA, Weinheim

ment, *Standpunkte / Positions*, Wiley-VCH, Weinheim 2009.

Goethe-Handbuch. Hrsgb. Bernd Witte, Theo Buck, Hans-Dietrich Dahnke, Regine Otto, Peter Schmidt. Band 4/2 Personen, Sachen, Begriffe L-Z, S. 647, J.B. Metzler, Stuttgart und Weimar 2004.

Gottschalk, Gerhard: *Welt der Bakterien. Die unsichtbaren Beherrscher unseres Planeten*, Wiley-VCH, Weinheim, 2009 (1. Nachdruck 2010).

Groot, Hilka de und Jutta Farhadi: *In Sachen Ernährung. Ernährungslehre*, Europa Lehrmittel Verlag, Haan-Gruiten, 4. Aufl. 2007.

Haeseler, Arndt von und Dorit Liebers: *Molekulare Evolution*, Fischer, Frankfurt am Main 2003.

Heldt, Hans W., Piechulla, Birgit: *Pflanzenbiochemie*, Spektrum Akademischer Verlag, Heidelberg – Berlin, 4. Aufl. 2008.

Hess, Dieter: *Allgemeine Botanik*, UTB basics, Verlag Eugen Ulmer, Stuttgart 2004.

Howard, John Malone und Walter Hess: *History of the Pancreas: Mysteries of a Hidden Organ*, Springer, Heidelberg/ Berlin 2002.

Koolman, Jan und Klaus-Heinrich Röhm: *Taschenatlas der Biochemie des Menschen*, Thieme, Stuttgart, 4. Aufl. 2009.

Lehninger, *Biochemie* (Michael M. Cox, David L. Nelson, Albert L. Lehninger), Springer-Verlag, Heidelberg/ Berlin, 4. Aufl. 2008

Leitzmann, Claus, Ibrahim Elmadfa: *Ernährung des Menschen*, Ulmer, Stuttgart, 4. Aufl. 2004.

Lesch, Harald / Jörn Müller: *Big Bang, zweiter Akt. Auf den Spuren des Lebens im All*, Goldmann, 4. Aufl., München 2005.

Lüttge, Ulrich, Manfred Kluge, Gabriela Bauer: *Botanik*, Wiley-VCH, 5. Aufl., Weinheim 2005.

Neumüller, Otto-Albrecht: *Duden. Das Wörterbuch chemischer Fachausdrücke*, Bibliographisches Institut & F.A. Brockhaus, Mannheim 2003.

Ohloff, Günther: *Düfte. Signale der Gefühlswelt*, Verlag Helvetica Chimica Acta, Zürich / Wiley-VCH, Weinheim 2004.

Penzlin, Heinz: *Lehrbuch der Tierphysiologie*, Spektrum Akad. Verlag, Heidelberg, 7. Aufl. 2009.

Rauchfuß, Horst: *Chemische Evolution und der Ursprung des Lebens*, Springer-Verlag, Heidelberg, Berlin 2005.

Ronneberg, Reinhard: *Biotechnologie für Einsteiger*, Spektrum Akademischer Verlag, Heidelberg 2006.

Schubert, Sven: *Pflanzenernährung*, UTB, Verlag Eugen Ulmer, Stuttgart 2006.

Schwedt, Georg: *Taschenatlas der Lebensmittelchemie*, Wiley-VCH, Weinheim 2. Aufl. 2005.

Thoms, Sven P.: *Ursprung des Lebens*, Fischer, Frankfurt am Main 2005.

Voet, Donald, Judith G. Voet, Charlotte Pratt: *Lehrbuch der Biochemie*, Wiley-VCH, Weinheim 2002.

Informationen im Internet mit aktuellen Literaturnachweisen

Wikipedia...

Geschmack (Sinneseindruck): org/wiki/ Geschmack–(Sinneseindruck)

Gustatorische Wahrnehmung: org/wiki/ Gustatorische–Wahrnehmung

Chemische Evolution: org/wiki/Chemische–Evolution

Synthetische Biologie: org/wiki/Synthetische–Biologie

Biomimetische Ummantelung von Hefezellen mit Siliciumdioxid-Schale (im Web): www.organische-chemie.ch/ chemie/2009/nov/hefe.shtm

Spektrum der Wissenschaft. Dossier

- *Das neue Genom* (1/2006)

- *Von der Urzeugung zum künstlichen Leben* (3/2010)

Personenverzeichnis

Sachverzeichnis